MINISTÈRE DU COMMERCE, DE L'INDUSTRIE
DES POSTES ET TÉLÉGRAPHES

❋ ❋ ❋

EXPOSITION INTERNATIONALE

DE

SAINT-LOUIS U.S.A.

1904

❧

SECTION FRANÇAISE

RAPPORT

DES

GROUPES 115 A 119

GROUPES 115, 116 & 117
J. JEAN BÈS DE BERC,
INGÉNIEUR DES MINES

GROUPES 118 & 119
M. E. GRUNER,
INGÉNIEUR CIVIL DES MINES

RAPPORTEURS

PARIS

COMITÉ FRANÇAIS DES EXPOSITIONS A L'ÉTRANGER
Bourse de Commerce, rue du Louvre

1906

MAMOT, ÉDITEUR

Exposition Internationale

de Saint-Louis 1904

MINISTÈRE DU COMMERCE, DE L'INDUSTRIE
DES POSTES ET TÉLÉGRAPHES

EXPOSITION INTERNATIONALE

DE

SAINT-LOUIS U.S.A.

1904

SECTION FRANÇAISE

RAPPORT

DES

GROUPES 115 A 119

GROUPES 115, 116 & 117
M. JEAN BÈS DE BERC,
INGÉNIEUR DES MINES

GROUPES 118 & 119
M. E. GRUNER,
INGÉNIEUR CIVIL DES MINES

RAPPORTEURS

PARIS

COMITÉ FRANÇAIS DES EXPOSITIONS A L'ÉTRANGER

Bourse de Commerce, rue du Louvre

1906

M. VERMOT, ÉDITEUR

Mines et Métallurgie

INTRODUCTION

a) Ensemble de l'Organisation officielle

ISTRIBUTION EN GROUPES ET EN CLASSES. — Le Département des mines et de la métallurgie a été, dans la classification officielle, désigné par la lettre L, et divisé en 5 Groupes numérotés de 115 à 119, qui comprennent 53 Classes, de la Classe 667 à la Classe 719. Le tableau suivant traduit l'ensemble de cette classification, d'après les documents officiels.

GROUPE 115

Exploitation des mines et carrières.

(Outillage et procédés.)

CLASSE 667. — Organisation et fonctionnement des services administratifs miniers et géologiques, et de toutes autres institutions destinées à favoriser le développement de l'industrie minière. Instruments et équipement destinés à la surveillance des exploitations souterraines.

CLASSE 668. — Appareils et méthodes de recherche des richesses minérales, matériaux de construction, charbon, pétrole, gaz naturel, eaux artésiennes, etc...

Classe 669. — Appareils et méthodes d'essai, d'analyse et de contrôle des minerais, roches et substances minérales.

Classe 670. — Appareils et méthodes de percement, d'abatage et de débitage des roches, minerais et minéraux divers, dans les carrières et les exploitations à ciel ouvert; fonçage des puits, percement des galeries, des travers-bancs et des tunnels.

Classe 671. — Appareils et méthodes de boisage et de soutènement des puits de mine, galeries et tunnels.

Classe 672. — Emploi de l'électricité, de l'air comprimé, et autres forces motrices, pour l'ouverture et l'exploitation des mines et carrières, et pour la manipulation des minerais et minéraux divers.

Classe 673. — Explosifs; leurs procédés d'emploi et d'inflammation dans l'exploitation des mines, carrières et puits profonds.

Classe 674. — Appareils et méthodes pour le roulage et le transport souterrain des minerais et des houilles.

Classe 675. — Appareils et installations d'épuisement dans les mines et carrières.

Classe 676. — Appareils et procédés d'aérage.

Classe 677. — Appareils d'éclairage et organisation de ce service dans les mines; emploi des huiles, de l'acétylène, de l'électricité; lampes de sûreté, indicateurs de grisou, etc...

Classe 678. — Appareils et procédés concernant la sécurité du personnel; barrières de sûreté, signaux, etc... Organisation des secours aux blessés. Hygiène des mines.

Classe 679. — Appareils et méthodes concernant la manipulation des produits extraits de la mine et leur transport à la surface; chemins de fer, plans inclinés, câbles flottants, câbles aériens, trolleys, etc...; installations de chargement et de déchargement des wagons, bateaux, chariots, etc...

Classe 680. — Appareils, installations et méthodes d'exploitation des mines de sel, des gîtes de pétrole, des sables et graviers métallifères.

Classe 681. — Appareils et méthodes employés dans l'exploitation des carrières de pierre.

GROUPE 116

Minéraux et pierres; leur utilisation.

CLASSE 682. — Collections scientifiques de géologie, minéralogie générale, cristallographie et paléontologie. Collections servant à la démonstration de la structure, des diverses variétés de constitution et d'allure, et de l'origine des dépôts métallifères et autres gîtes minéraux.

CLASSE 683. — Matériaux de construction et d'ornement, bruts d'abatage, sciés ou polis; matériaux d'empierrement et divers.

CLASSE 684. — Installations mécaniques et procédés employés pour le débitage, le sciage, le finissage et le polissage du marbre, du granit, de l'ardoise, et de tous autres matériaux de construction.

CLASSE 685. — Appareils et méthodes de broyage, de triage, de lavage, de dessiccation des roches, argiles et minéraux divers, et des combustibles minéraux.

CLASSE 686. — Roches produisant la chaux ou le ciment: méthodes d'emploi des produits obtenus.

CLASSE 687. — Pierres à meules, pierres à aiguiser, pierre ponce: autres minéraux servant au polissage et à l'aiguisage. Procédés employés pour leur manufacture.

CLASSE 688. — Ardoise; outillage pour la manufacturer; procédés et produits.

CLASSE 689. — Pierres réfractaires; argiles et sables réfractaires. Sables de moulage.

CLASSE 690. — Argiles, kaolin, silice, feldspath et autres substances employées dans la fabrication de la poterie, de la brique, de la terre cuite, du verre, etc... Procédés d'utilisation et spécimens des produits obtenus.

CLASSE 691. — Mica, asbeste, écume de mer, spath fluor, graphite (plombagine), gypse, et autres minéraux non métalliques, non rangés spécialement dans une autre Classe. Procédés d'utilisation et produits obtenus.

CLASSE 692. — Gemmes et pierres précieuses. Travail lapidaire.

CLASSE 693. — Sel ordinaire; nitrates, sulfates, borates et autres sels naturels. Méthodes de purification et produits obtenus.

CLASSE 694. — Eaux minérales. Nappes artésiennes. Utilisation de l'eau.

CLASSE 695. — Soufre et pyrite. Procédés d'utilisation et produits obtenus.

CLASSE 696. — Matières colorantes et de peinture, d'origine minérale. Procédés de préparation et produits obtenus.

CLASSE 697. — Engrais minéraux. Procédés de préparation et produits obtenus.

CLASSE 698. — Asphalte et roches asphaltiques; bitume et produits bitumineux naturels; ambre, jais, etc... Procédés d'utilisation et produits obtenus.

CLASSE 699. — Combustibles minéraux et substances minérales servant à l'éclairage: tourbe, lignite, charbon gras, anthracite; menus charbonneux et agglomérés; pétrole et ses dérivés, gaz naturel. Appareils et méthodes pour la fabrication des agglomérés, la préparation du coke et des sous-produits; la mise en stocks, le raffinage et la manipulation du pétrole et de ses dérivés.

CLASSE 700. — Minerais métalliques de toutes sortes et leurs produits. Métaux natifs.

GROUPE 117

Modèles de mines, cartes et photographies

CLASSE 701. — Cartes, plans, photographies et modèles géologiques ou topographiques relatifs aux gîtes minéraux, à leur structure et à leur allure. Modèles de mines, plans d'exploitations minières; cartes, photographies, etc... de travaux de mines, d'installations de surface, de corons et campements, etc...

GROUPE 118

Métallurgie.

CLASSE 702. — Appareils et procédés pour la manipulation et la préparation mécanique des minerais: triage à la main, mise en stocks, échantillonnage, broyage et pulvérisation, cribles et criblage, concentration, transport horizontal et vertical, dessiccation, etc...

CLASSE 703. — Appareils employés pour l'amalgamation, la cyanuration, la chloruration et l'usage de tous dissolvants chimiques dans le traitement des minerais.

CLASSE 704. — Appareils, procédés et produits employés pour la fabrication et l'usage des matériaux réfractaires servant en métallurgie (briques, voussoirs, creusets, cornues, etc...)

CLASSE 705. — Appareils et procédés employés pour la fusion des minerais : fours et construction des fours; installations usitées pour le service des fours et la manipulation des produits obtenus. Appareils et méthodes employés pour la génération et l'emploi du gaz, la préparation et l'usage des combustibles solides et liquides, l'emploi de l'électricité dans les fours métallurgiques; la manipulation et l'usage des scories; la récupération et l'usage des poussières, fumées, etc.

CLASSE 706. — Appareils, matériaux, procédés et produits employés pour le traitement des minerais de fer, manganèse, chrome, nickel et autres métaux servant à la fabrication des alliages ferreux et aciers spéciaux. Appareils de fusion, hauts fourneaux et accessoires; fonderies d'acier, coupoles, machines soufflantes, etc... Production et variétés de la fonte brute et moulée, de la fonte malléable, du ferro-manganèse, des fontes manganésifères, des fontes d'autres alliages, et des métaux employés dans ces alliages.

CLASSE 707. — Appareils, méthodes et produits de la fabrication du fer et de l'acier en lingots, billettes, barres, tôles et plaques, etc..., et de la fabrication de l'acier fondu, etc... Puddlage, fours à réverbère et fours de fusion ; marteaux, presses, laminoirs. Installations générales pour la fabrication de l'acier Bessemer, de l'acier au creuset. Procédés variés pour extraire directement le fer ou l'acier des minerais.

CLASSE 708. — Appareils, méthodes et procédés de transformation du fer et de l'acier en produits marchands: frettes, cerclages, fer-machine pour l'étirage, fils de fer et d'acier, fers de sections spéciales, plaques de blindage, tôles de fer et d'acier pour le commerce, la construction, la métallurgie, etc...; rails, essieux, bandages, roues, grandes pièces de forge, canons de fusil, projectiles, tubes (avec ou sans soudure), etc... Matériel d'artillerie (autre que celui de marine), et sa production.

Classe 709. — Appareils, matériaux et procédés employés dans la métallurgie du cuivre; produits obtenus. Traitement des minerais, production du cuivre et des alliages de cuivre, bronze, laiton, etc... en lingots, barres, feuilles, fils et toutes autres formes. Electrolyse et procédés divers employés pour le raffinage du cuivre et la séparation de l'or, de l'argent, etc... qu'il contient.

Classe 710. — Appareils, matériaux et procédés employés dans la métallurgie de l'or et de l'argent; produits obtenus. Traitement des minerais : fusion, affinage, lingots pour la frappe et l'exportation. Or et argent en barres et formes diverses. Appareils, matériaux et procédés employés dans la métallurgie du plomb; produits obtenus. Traitement des minerais : affinage du lingot de plomb, et séparation de l'or et de l'argent associés. Elaboration du plomb en produits marchands, saumons, barres, feuilles, tuyaux, projectiles, plomb de coupelle; alliages de plomb; blanc de plomb.

Classe 711. — Appareils, matériaux et procédés employés dans la métallurgie du zinc, de l'étain, du nickel et du cobalt. Zinc métallique, en barres et en feuilles, blanc de zinc. Etain en lingots et autres formes. Alliages d'étain. Nickel en lingots, barres, fils, etc... Alliages de nickel, argent allemand, acier au nickel, etc...

Classe 712. — Appareils, matériaux et procédés employés dans la métallurgie de l'aluminium, de l'antimoine, du mercure, de l'arsenic, du platine, des autres métaux et de leurs alliages.

Classe 713. — Plaques métalliques pleines ou à jour, embouties, estampées, découpées, décorées, perforées, etc... Leur production et leur usage dans la préparation métallurgique des toiles métalliques et des cribles. Tubes étirés et conduites en fer, acier, cuivre, étain, plomb et leur production.

Classe 714. — Installations générales de fonderies, procédés et produits. Production d'alliages complexes.

Classe 715. — Appareils et procédés pour le lavage de la poussière d'or et des fines provenant du raffinage des métaux précieux. Installations, procédés et produits de laminage fin et de battage de l'or, de l'argent, de l'étain, et autres métaux. Appareils et procédés de travail du platine et des métaux rares.

Classe 716. — Appareils, procédés et produits de l'électrométallurgie; de la fusion électrique, du raffinage, de l'extraction des métaux, de la précipitation des métaux par galvanoplastie, etc...

CLASSE 717. — Appareils et procédés (autres que ceux de l'Électrométallurgie) employés pour recouvrir les métaux d'autres métaux plus précieux, plus malléables, ou plus durables; métaux galvanisés, plombés ou nickelés, fers-blancs (polis, mats, rubanés, décorés, gravés), etc...

CLASSE 718. — Installations et procédés d'émaillage des objets métalliques, produits obtenus.

GROUPE 119.

Littérature minière, métallurgique, etc.

CLASSE 719. — Statistiques et publications relatives à la géologie, la minéralogie, la paléontologie, la topographie, l'exploitation des mines et carrières, la métallurgie, la manipulation des produits minéraux, la mise en valeur des ressources hydrominérales, etc.

b) Organisation de la participation de la France.

Un seul Comité d'admission, — plus tard transformé en Comité d'installation — fut constitué pour l'ensemble de ces 5 Groupes et de ces 53 Classes. Composé des membres du Comité français des Expositions à l'étranger, appartenant aux industries minières et métallurgiques, qui paraissaient désireux de participer à cette Exposition, le Comité fut installé le 23 mars 1903, par le Commissaire général, M. Michel LAGRAVE.

Il nomma ce jour-là son bureau, formé de :

MM. Ad. CARNOT, de l'Institut, directeur de l'École des Mines, *président d'honneur*.

Paul SCHNEIDER, président de la Compagnie de Douchy, *président*.

PAGEAULT-LAVERGNE, *vice-président*.

P. LARIVIÈRE, *secrétaire*.

M. PLICHON, *trésorier*.

Complété dans la suite par des adhésions et adjonctions successives, le Comité comprit finalement :

MM. E. BARTHE, E. CHATILLON, B. DESOUCHES, A. DORMOY, H. DU-

PETY, L. DUPUIS, P. ELIOT, E. FIRMINHAC, E. GRUNER, E. HINQUE, P. HUG, A. HUGOT, F. LAUR, MALISSARD-TAZA, A. MARSAUX, NANÇON, A. PINARD, PORTIER, PINCHART DENY, P. REGNARD, E. REUMAUX, E. SALMON, TAUZIN, THIVET-HANCTIN.

Par une première circulaire adressée le 2 mai 1903 aux exposants des Classes 63 et 64 de l'Exposition de 1900, le Comité invita les industriels français à participer à cette grande manifestation « pour faire apprécier la qualité des produits de fabrication fran- » çaise ou la valeur des méthodes créées et mises en œuvre par nos » ingénieurs et constructeurs ».

Il ajoutait que « l'abstention ou la représentation incomplète des » industries minière et métallurgique serait certainement inter- » prétée comme un aveu de notre infériorité, soit au point de vue » commercial, soit au point de vue des progrès réalisés, alors que, » dans ces deux industries, notre pays a droit à l'une des pre- » mières places ».

Agissant comme Comité d'installation, l'ancien Comité d'admission choisit, le 26 novembre 1903, pour architecte M. GUILLAUME, l'un des architectes de la Section française, et pour représentants MM. KALESKI et DUBRUEL.

Ces agents acceptaient de se substituer à l'exposant pour toutes les formalités inhérentes à l'Exposition de ses produits moyennant le paiement de :

100 francs pour le premier mètre carré de surface horizontale et de 50 francs pour chaque mètre en sus, avec minimum correspondant à 1 mètre carré de surface ; 40 francs par mètre carré de surface murale avec minimum correspondant à 1 mètre carré.

Invités, par circulaire en date du 26 novembre 1903, à confirmer leur demande d'admission et à s'engager à payer 120 francs par mètre carré de surface horizontale ou murale demandée, les exposants reçurent, à partir du 31 janvier 1904, leur certificat d'admission défi- nitive et les pièces nécessaires à l'expédition de leurs produits.

Le nombre des exposants français du Département des Mines a été très limité :

4 dans le Groupe 115
14   —   116
6   —   117
12   —   118
13   —   119

Fig. 1. — Vue d'ensemble de l'Exposition. (A gauche, au second plan, Palais des Mines et de la Métallurgie.)

A ce nombre, il y a lieu d'ajouter quelques exposants qui figuraient au catalogue comme ayant leurs produits dans le pavillon de
l'Algérie et des Colonies.

c) Aperçu général sur l'installation.

Locaux consacrés à l'Exposition minière et métallurgique. —
L'ensemble des objets exposés aurait pu logiquement être disposé
dans un ordre matériel répondant à la classification précédente. En

Fig. 2. — Palais des Mines et de la Métallurgie.

fait, l'ordre adopté par la direction de l'Exposition a été exclusive-
ment basé sur la division par pays producteurs, non seulement pour
les nations étrangères mais pour les États-Unis eux-mêmes. Chaque
État de la Confédération américaine, comme chacune des nations
participantes à l'Exposition, a vu ses produits groupés en un bloc
unique, sans division marquée en Groupes et en Classes. La répartition des exposants par Groupes, d'ailleurs sans distinction de Classes,
a seulement été indiquée, pour chaque pays, dans le catalogue officiel.

L'Exposition des produits miniers et métallurgiques a été concen-
trée pour la plus grande partie dans le Palais des Mines et de la
Métallurgie.

Le Palais a été construit sur la bordure orientale des terrains de
l'Exposition. Il était encadré à l'est par le Palais des Arts libéraux,
au nord par celui de l'Éducation et de l'Économie sociale, au sud

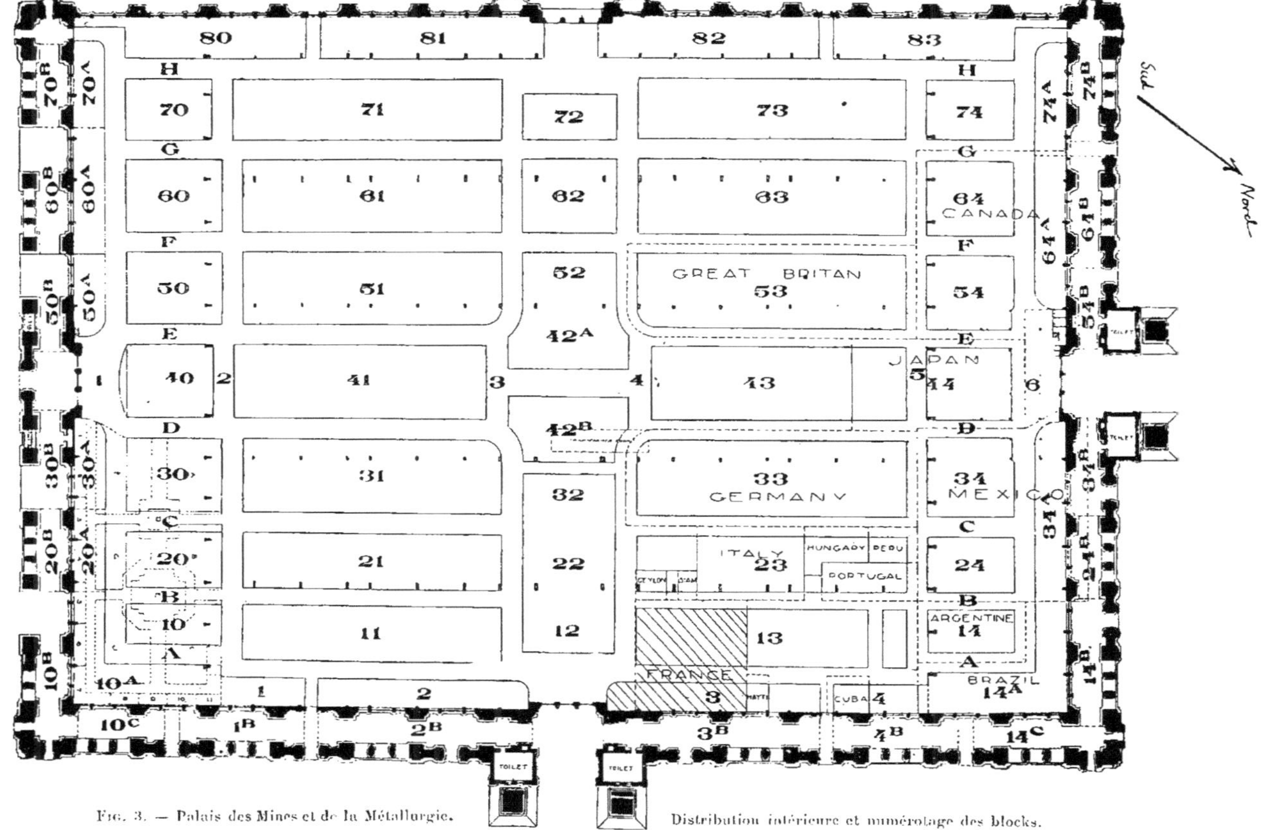

Fig. 3. — Palais des Mines et de la Métallurgie. Distribution intérieure et numérotage des blocks.

par le Palais du Gouvernement Fédéral, à l'ouest par le Pavillon national allemand. Bâti sur un plan général rectangulaire, avec quatre entrées médianes, dont deux principales, encadrées d'obélisques et surmontées de dômes à cariatides allégoriques, il ne comportait qu'un seul étage, et offrait une superficie totale d'environ 9 acres américains, avec 525 pieds de largeur et 750 pieds de longueur : soit, en mesures françaises, à peu près 160 mètres sur 225, et un peu plus de 1/3 d'hectare. L'architecture extérieure présentait un aspect lourd et sévère, avec un encadrement général de pilastres massifs, séparés de deux en deux par des couples de colonnes. Sur les 3 faces principales, orientées nord-ouest, nord-est, et sud-est, régnait une galerie de 5 à 6 mètres

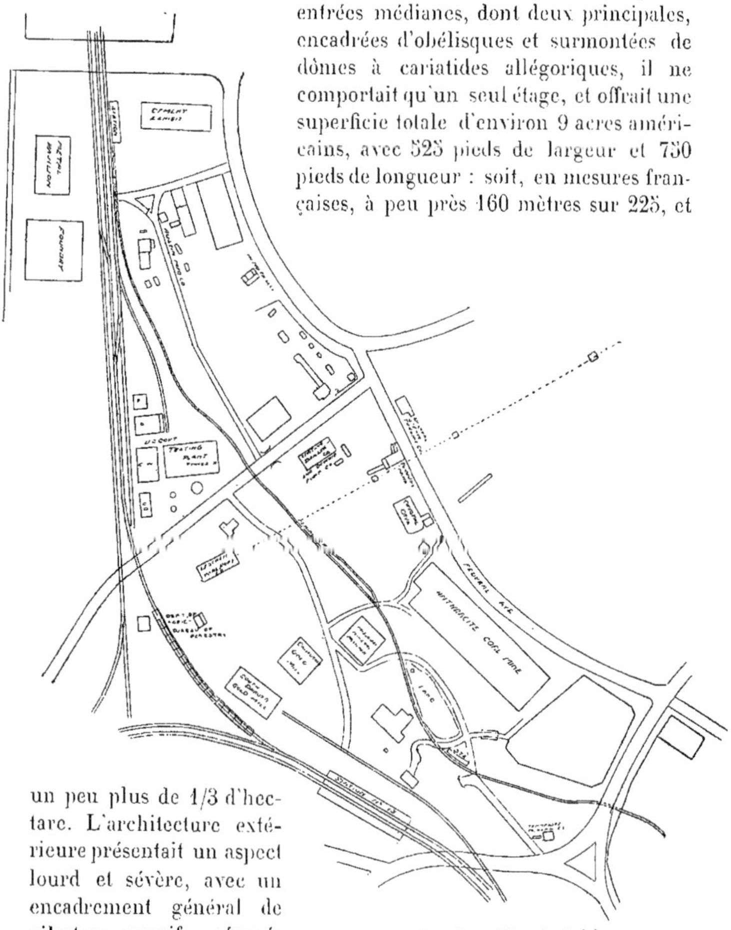

Fig. 4. — Plan du Gulch.

de largeur, où avaient été disposées quelques boutiques et des Expositions secondaires.

L'intérieur, bien éclairé par de vastes baies, était divisé en une quarantaine de *blocks* rectangulaires, séparés les uns des autres par des avenues de 5 mètres de largeur ; au-dessus de chacun de ces blocks a été suspendue une large pancarte en indiquant le numéro d'ordre, ce qui, joint aux indications du catalogue, facilitait les recherches et permettait aux visiteurs de s'orienter. Une construction légère, formant premier étage, accotée à la façade nord-ouest en regard de l'Exposition du Japon, a été aménagée en bureaux, pour l'administration du Département et les opérations des Jurys.

C'est dans ce bâtiment qu'ont été réunies, comme je l'ai déjà dit, la plupart des Expositions américaines et étrangères du Département L (Mines et Métallurgie) comprenant les 5 Groupes 115 à 119.

Toutefois, un certain nombre de modèles d'installations minières (puits à pétrole, bocards et laveries d'or et d'argent, préparation mécanique, transports aériens, chemins de fer miniers, etc...) ont été disposés à ciel ouvert, au voisinage du Palais des Mines, sur une surface irrégulière d'environ 7 hectares, à laquelle la direction de l'Exposition a donné la dénomination de « Gulch ». Il faut noter, pour compléter ce bref exposé, que quelques Expositions étrangères se rattachant au Département L ont été disséminées dans d'autres palais : par exemple toute l'Exposition belge, installée au pavillon national de Belgique, l'Exposition (d'ailleurs bien restreinte) des Colonies françaises, au pavillon de l'Agriculture, l'Exposition des produits minéraux des Philippines, dans la Section réservée à cette nouvelle possession américaine, etc...

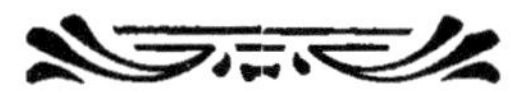

PREMIÈRE PARTIE

MINES

Ordre suivi dans la description de l'Exposition. — La description qui va suivre se rapportera uniquement à l'Exposition minière des Groupes 115, 116 et 117. La Section française fera d'abord l'objet d'un examen détaillé, à la suite duquel les Expositions des États-Unis et des autres nations seront sommairement passées en revue.

I

SECTION FRANÇAISE

Emplacement et organisation. — La Section française occupait, au voisinage immédiat et à droite de l'entrée orientale du Palais des Mines et de la Métallurgie, une superficie rectangulaire d'environ 22 mètres sur 24, coupée en deux blocs (nᵒˢ 3 et 13) par une large allée de circulation parallèle à la façade sur laquelle elle s'appuyait. La plupart des Expositions industrielles se trouvaient réunies dans le bloc nᵒ 13, le plus rapproché du centre du Palais; le bloc nᵒ 3, adossé au mur de celui-ci, comprenant surtout, avec les importantes Expositions des ardoisières, les bibliothèques, documents, plans et modèles présentés par les administrations et les comités miniers français.

La décoration de la Section ne pouvait présenter que le caractère

FIG. 5. — Palais des Mines et de la Métallurgie. Vue de la Section française.

sobre et sévère assigné par leur nature à toutes les exhibitions minières et métallurgiques. Tout au moins est-il juste de constater que le meilleur effet possible a été tiré des objets exposés, tant par le goût et l'habileté avec lesquels se trouvaient disposés les envois importants, tels que ceux de M. Paul Schneider, des Ardoisières d'Angers et de Rimogne, de la Société métallurgique du Périgord, de la Société électro métallurgique de Froges, etc..., que par l'excellente ordonnance des vitrines et des documents muraux. Il faut malheureusement reconnaître que l'ensemble de cette Exposition ne pouvait donner qu'une idée fort insuffisante de l'industrie minière et métallurgique française, et tenait, parmi celles des grandes nations, une place relativement modeste.

J'examinerai ci-après les principaux envois figurant aux Groupes 115, 116 et 117.

Groupe 115. — Sur les 15 Classes du Groupe 115, 3 seulement

Fig. 6. — Radiographie d'un bloc de charbon barré (houille grasse) épais de 35 à 45 millimètres.

étaient représentées par 4 exposants français : les Classes 669 (Appareils et méthodes d'essai des substances minérales), 671 (Soutènement des puits et galeries de mine), 673 (Explosifs).

Dans la Classe 669, M. Golaz exposait des appareils classiques en

France pour l'essai des combustibles minéraux : une bombe Mahler et ses accessoires, pour la détermination du pouvoir calorifique des combustibles, un grisoumètre Le Chatellier pour la mesure au 1/1000 de la teneur en grisou d'un échantillon d'air, enfin divers modèles de trompes à eau établis par le constructeur.

Dans la même Classe, M. H. COURIOT, professeur à l'École Centrale des arts et manufactures, présentait les très intéressants résultats de ses recherches sur l'application de la radiographie à l'examen et à l'analyse des combustibles minéraux. Les principales impuretés (schistes et grès siliceux) des charbons de terre étant imperméables aux rayons X, M. Couriot a pu, en s'appuyant sur cette propriété, établir des appareils très simples permettant de rendre visibles ces impuretés disséminées dans la masse, et même de doser la teneur en cendres d'un échantillon donné, au moyen d'une échelle de transparence empiriquement graduée. L'auteur avait envoyé à Saint-Louis, avec une brochure résumant ses travaux à ce sujet, des radiographies de divers combustibles minéraux et d'agglomérés industriels.

La Classe 671 était représentée par la belle Exposition de M. Paul SCHNEIDER, président de la Compagnie des mines de Douchy et de la Société lyonnaise des schistes d'Autun, vice-président des Compagnies des mines de Courrières et d'Albi, etc... M. Schneider avait fait élever, au centre de la Section française, une galerie de mine boisée en vraie grandeur, représentant le dispositif de soutènement en usage aux mines de Courrières. Entre le front de taille et le dernier cadre de boisage, le ciel du chantier est soutenu par un système d'allonges en fer carré de 35 $^{m/m}$ de côté et 1^m 30 de longueur placées en porte à faux sur le dernier chapeau, et serrées à l'arrière par des coins qui provoquent le soulèvement de leur extrémité antérieure et le serrage de cette extrémité contre le toit. En peu de temps le coin peut être enlevé, l'allonge avancée d'une quantité égale à la progression du front de taille, et le coin resserré ; les opérations se font sous la protection du boisage définitif déjà posé, de sorte que le personnel se trouve constamment à l'abri des éboulements du toit. Chaque ouvrier dispose de trois allonges dont il est responsable comme de ses outils; il y en a plus de 6.000 actuellement en usage dans les travaux de Courrières. Les avantages de ce mode de soutènement sont mis en évidence par la faible proportion d'accidents dus aux éboulements du toit dans les mines de Courrières depuis l'adoption du système. Ce chiffre qui était en moyenne de 0,76 par 1.000 ouvriers et de 3,13 par million de tonnes pendant la période décennale 1870-1879,

et de 0.24 par 1.000 ouvriers et 0,70 par million de tonnes pendant
la période 1880-1889, est tombé, pour la période 1890-1899, à 0,15
par 1.000 ouvriers et 0,39 par million de tonnes. La moyenne des
accidents de même nature était en Angleterre pendant la période

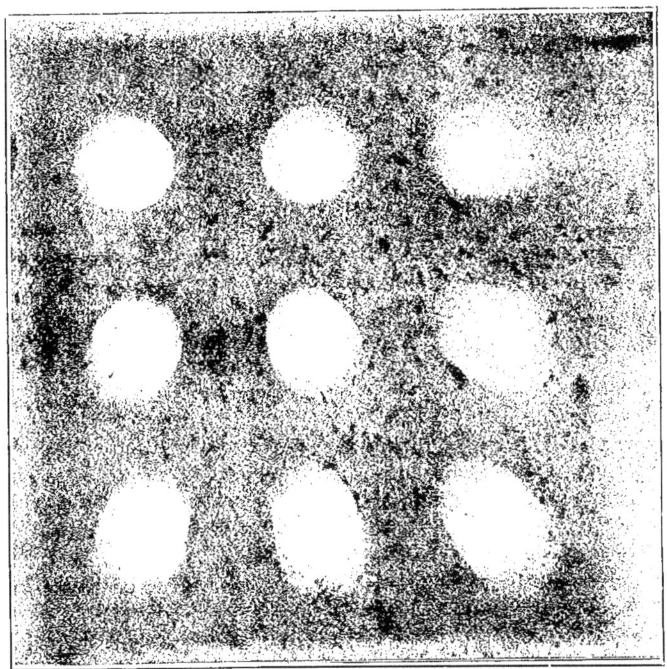

Fig. 7. — Radiographie d'une briquette perforée.

quinquennale 1895-1899, de 0,78 par 1.000 ouvriers, et en Pensylvanie (charbon gras et anthracite) de 2,11 par 1.000 ouvriers.

L'Exposition de M. Schneider était complétée par une collection
d'intéressants diagrammes, qui ont été classés au Groupe 117.

Dans la Classe 673, enfin, figurait la Société d'explosifs Bergès, Corbin
et Cⁱᵉ, de création récente (27 février 1898), mais qui a su rapidement
acquérir une importante notoriété par la fabrication industrielle des

explosifs de Street, communément connus sous le nom de Cheddites. Ces explosifs, à base de chlorate de potasse, rendent de grands services dans les travaux de mines et de carrières par leur résistance à l'humidité et aux variations de température, jointe à une notable sécurité de maniement et de transport, et pour les variétés les plus brisantes, à une grande puissance, que les fabricants comparent à celle de la dynamite-gomme. La Société a obtenu la fabrication des cheddites dans les établissements de l'État français, sous le nom d'explosifs chloratés type O ; elle les a également fait autoriser en Angleterre, où ils sont fabriqués par la Société Curtis's and Harvey Ltd ; elle possède ou a concédé des usines de fabrication en Belgique, en Italie, en Suisse, en Grèce, en Transcaucasie, dans l'Uruguay, le Tonkin, l'île de la Réunion. Elle exposait à Saint-Louis des fac-similés de cartouches de cheddites, des photographies de ses usines, des notices sur l'emploi de ses explosifs, et des témoins d'essais au bloc de plomb tendant à démontrer la puissance de ses produits comparés à la poudre et à la dynamite.

Groupe 116. — Les exposants de ce Groupe étaient de beaucoup les plus nombreux dans la Section française. Je les passerai en revue par ordre de Classes.

La Classe 683 (matériaux de construction et d'ornementation) était représentée par : M. Edouard PACHY, de Roubaix, dont la maison, fondée en 1856 et occupant actuellement 55 employés et ouvriers, avait envoyé plusieurs échantillons de granits et marbres cisclés ; M. ACOULON, d'Algérie, avec un spécimen de marbre poli ; M. FAUSSEMAGNE, d'Haïphong (Tonkin), qui exposait aussi des marbres accompagnés même d'un morceau de charbon sur le gisement duquel quelques indications n'eussent pas été inutiles ; enfin M. LE-LIÈVRE (A) et Cie, de Saint-Denis (La Réunion), avec quelques échantillons de chaux hydraulique. Tous ces produits coloniaux avaient été placés dans le Palais de l'Agriculture.

La Classe 688 (ardoise) comprenait deux belles Expositions installées par MM. LARIVIÈRE ET Cie et par les ARDOISIÈRES RÉUNIES DE RIMOGNE. Cette branche de l'industrie française présentait à Saint-Louis d'autant plus d'intérêt qu'elle est une des rares où la France occupe encore une place prépondérante ; sa production annuelle représente en effet une valeur de 18 millions de francs, et si elle ne vient qu'après celle de l'Angleterre (33 millions), elle dépasse néanmoins celle des Etats-Unis, troisième Etat producteur avec un chiffre de

15 millions de francs, et est incomparablement supérieure à celle de l'ensemble de tous les autres pays.

La Société LARIVIÈRE ET Cie, ou SOCIÉTÉ DE LA COMMISSION DES ARDOISIÈRES D'ANGERS a acquis, depuis 1827, la plus grande partie des carrières d'ardoises des environs d'Angers, exploitées d'ailleurs depuis plus de sept siècles. Le centre d'Angers entre pour plus de 6 mil-

FIG 8. — Commission des Ardoisières d'Angers. Exploitation par la méthode montante.

lions de francs dans le commerce ardoisier de France et occupe environ 3.200 ouvriers. La Société Larivière et Cie possède dans ce centre, les carrières en activité de Trelazé-Monthibert, des Grands-Carreaux, de l'Hermitage, des Petits-Carreaux, du Champ-Robert, du Bouc-Cornu, des Fresnais, de la Paperie; et en outre les gisements de l'Espérance, à 26 kilomètres, et de Bel-Air à 55 kilomètres d'Angers. Les veines de schiste fissile, ou ardoise proprement dite, intercalées au nombre de quatre dans une formation schisteuse puissante de 700 à 800 mètres, ont une inclinaison tantôt presque verticale, tantôt d'une soixantaine de degrés; elles n'affleurent pas à la surface du sol et sont recouvertes d'une zone plus ou moins décomposée, inexploitable, atteignant souvent 25 mètres de puissance, qui est connue dans le pays sous le nom de *cosse*. L'exploitation, qui s'est faite primitivement à ciel ouvert, par immenses foncées verticales attaquées en gradins descendants successifs, est en général aujourd'hui souterraine. Mais ce dernier principe même a revêtu plusieurs modes. On l'a d'abord appliqué (dès 1832) en répétant, dans une chambre souterraine ouverte sous la cosse et desservie par un puits vertical, le principe des gradins descendants des foncées à ciel ouvert. Des accidents trop fréquents dus à l'éboulement des parois, difficiles à surveiller, ont fait substituer à ce procédé celui des exploitations souterraines ascendantes, où l'on attaque constamment le plafond de la chambre ouverte à une profondeur suffisante, en comblant les vides produits avec du remblai sur lequel les ouvriers s'élèvent, de manière à limiter à quelques mètres la hauteur des parois libres, ce qui diminue beaucoup les dangers du travail. Cette méthode, inaugurée par M. Blavier, président de la Commission des ardoisières, et continuée avec l'emploi d'un outillage moderne, de treuils électriques pour l'enlèvement des blocs, d'un puissant éclairage emprunté également à l'énergie électrique, tend à se généraliser universellement en Maine-et-Loire. A côté de ses installations d'extraction proprement dites, la Commission des ardoisières possède d'ailleurs d'importants ateliers pour le travail de l'ardoise, taille, émaillage, etc..., et une usine annexe pour la fabrication des câbles métalliques employés aux travaux des ardoisières, ou livrés au commerce. Elle a créé de nombreuses institutions ouvrières : écoles, « chambres de dépenses » où les objets de première nécessité sont fournis aux travailleurs au prix coûtant, et dont le trafic se solde annuellement par plus de 300.000 francs; service médical, cités ouvrières comprenant plus de 300 maisons ou jardins, caisses de retraites assurant aux fendeurs invalides une allocation annuelle de 110 à 150 francs, et aux ouvriers d'à-bas et journaliers, de 50 ans d'âge, dont 25 ans de service, une allocation annuelle de 150 francs.

La Commission des ardoisières avait envoyé à Saint-Louis de nombreux échantillons d'ardoises de grande taille, d'ardoises découpées aux formes et dimensions commerciales, pour toitures, laboratoires, installations sanitaires, etc., enfin d'intéressants spécimens des câbles et fils d'acier provenant de son usine de tréfilerie.

La Société des Ardoisières réunies de Rimogne (Ardennes) a été constituée en 1825, et réorganisée en 1831. Elle se trouve actuellement propriétaire de toutes les ardoisières en activité dans la région. Ces gisements, connus dès le XIIe siècle, et exploités primitivement à ciel ouvert, commencèrent à prendre une réelle importance industrielle au XVIIIe siècle. Ils sont actuellement l'objet de sept exploitations souterraines, appartenant à la Société, et dont les principaux centres sont Rimogne et Monthermé, dans la vallée de la Meuse. Ils consistent en lentilles de schistes fissiles, généralement parallèles entre

Fig. 9. — Ardoisières de Rimogne. Exploitation d'une chambre.

elles, avec une inclinaison moyenne de 22° à 45°, et des puissances de 20 à 60 mètres, s'étendant sur une longueur de près de 30 kilomètres, et couvrant une superficie d'environ 600 hectares. L'exploitation souterraine, desservie par puits verticaux, s'effectue au moyen de chambres successives, parallèles entre elles et à la direction des veines, et séparées par des piliers massifs de 4 mètres de largeur. Toutes les chambres sont desservies par une galerie principale de roulage tracée au toit et les reliant au puits. Cette galerie, qui assure la circulation du personnel et l'extraction, reçoit, en outre, les conduites des pompes d'épuisement. Les déblais stériles y sont abandonnés comme remblais, dans les interstices desquels s'emmagasinent les infiltrations d'eau, dont le niveau est d'ailleurs maintenu à une hauteur convenable au moyen des pompes. L'abatage s'effectue partiellement au pic, et en grande partie aussi par coups de mine chargés à la poudre comprimée ; on pratique également le traçage et le débitage des blocs au moyen du câble hélicoïdal. Les blocs, enlevés au jour par les puits, dans des bennes contenant 1.800 à 2.000 kilogrammes, sont dirigés, par des voies ferrées, sur les ateliers de fendage. Les déblais tombent dans des trémies et sont enlevés par un chemin de fer Decauville. La force motrice nécessaire aux diverses exploitations est produite depuis 1902 par une usine électrique centrale, alimentée par une chute d'eau de 45 mètres de hauteur, aménagée spécialement à cet effet et actionnant une puissante turbine. La production de la Compagnie atteint aujourd'hui annuellement 120 millions d'ardoises. Elle occupe 796 ouvriers. Elle possède, en outre de ses carrières, des ateliers pour la construction des machines à tailler l'ardoise, des forges, scieries, ateliers de charpente et de menuiserie, etc..., et deux fonderies de fonte, dont l'une est confiée à une association ouvrière et prépare toutes les pièces de fonte nécessaires à l'exploitation. La Compagnie loge la plupart de ses ouvriers, et a créé pour eux une société de secours mutuels et de retraites, une société musicale, des écoles, etc.

Son Exposition à Saint-Louis comprenait de nombreux modèles d'ardoises pour toitures et des dessins de toitures variées, des blocs de schiste ardoisier de grande taille, dont quelques-uns fendus en minces lamelles sur les deux tiers seulement de leur longueur pour montrer l'élasticité de la pierre, des dalles pour divers usages, des ardoises sculptées, tournées, des objets de luxe ou de fantaisie, etc., donnant une idée fort complète de son intéressante industrie.

Trois maisons françaises représentaient la Classe 691 :

MM. E. et V. AUBRY-PACHOT, de Gagny (Seine-et-Oise), y montraient les produits de l'industrie plâtrière du bassin de Paris : nombreux spécimens de plâtres de finesses variées pour enduits, moulures, applications, reproduction d'objets d'arts, et engrais agricoles. Cette maison, fondée en 1850, occupe actuellement 120 ouvriers. Son exploitation, qui porte sur les deux couches supérieures de la formation gypseuse du bassin de Paris, couvre 34 hectares. Elle comporte 8 fours de calcination de 200 mètres cubes et 4 meules. Sa production annuelle atteint environ 1.500 tonnes de gypse cru, 800 tonnes de plâtre pour engrais, 35.000 tonnes de plâtre pour la construction, et 5.000 tonnes de plâtre à plafonnage.

M. Francis LAUR, de Paris, avait envoyé de nombreux échantillons de la bauxite qui alimente la fabrication de l'aluminium en France ; enfin, la SOCIÉTÉ CENTRALE DES PRODUITS CHIMIQUES, de Paris, exposait de nombreux échantillons des minerais et produits radifères, aujourd'hui à l'ordre du jour par tant de travaux scientifiques récents.

M. Albert Paquier, de Paris, présentait, dans la Classe 692, d'intéressants échantillons de rubis et corindons artificiels de synthèse. Le Jury a déclassé cette Exposition pour la reporter au Groupe 23, où elle a obtenu la récompense qu'elle méritait.

La Classe 699 (combustibles minéraux), malgré son importance prédominante dans le Groupe, n'était représentée que par la Maison Desorches, de Paris, qui avait envoyé à Saint-Louis des échantillons d'agglomérés de coke et d'anthracite, dont elle fait à Paris un grand commerce. Cette maison, fondée en 1850, occupe aujourd'hui 500 ouvriers ou employés.

La Classe 700, réservée aux minerais métalliques, était représentée par plusieurs exposants. La Compagnie des Minerais de fer magnétique de Mokta-el-Hadid (Algérie), fondée en 1864, y figurait, malheureusement d'une manière insuffisante pour son importance industrielle considérable, qui s'est traduite depuis l'origine jusqu'au 31 décembre 1903 par une production totale de 18.446.421 tonnes, et par un chiffre de personnel atteignant actuellement 3.500 ouvriers ; elle s'était bornée à envoyer une photographie de ses mines. M. Paul Eliot, de Rouen (Seine-Inférieure), administrateur de la Société anonyme des fers et métaux, présentait quelques spécimens de minerais de zinc et cuivre ; la Société anonyme des Mines de fer de Beau-Soleil avait envoyé, tant en son nom qu'à celui de son président, M. Firminhac, des échantillons de son minerai de fer ; M. Emmanuel Chatillon, de Brioude (Haute-Loire), dont la maison fondée en 1874, occupe aujourd'hui 200 à 250 ouvriers, exposait de fort beaux échantillons de minerais de protoxyde, de soufre doré et de régule d'antimoine, ce dernier obtenu par réduction de l'oxyde pur. La même industrie était brillamment aussi représentée par la Société anonyme des Mines de la Lucette, de Genest (Mayenne), qui réunissait dans une vitrine des minerais, de l'oxyde soluble et des régules d'antimoine, dont un échantillon pur obtenu en première fusion, avec d'intéressantes photographies de son exploitation. Cette Société, fondée en 1898, occupe actuellement 250 ouvriers, pour lesquels elle a établi des caisses de retraites et de secours ; elle a récemment reconnu la présence de l'or dans la gangue de ses minerais et s'occupe de la mise en valeur du métal précieux. Enfin, le Gouvernement général de l'Algérie exposait en collectivité, à côté des envois particuliers des industriels de la colonie, dans le Palais de l'Agriculture, des spécimens des nombreuses richesses minérales du sol : minerais métalliques, phosphates, marbres et produits de carrières, etc.

Groupe 117. — Sept exposants français seulement figuraient au catalogue officiel dans ce Groupe ; il faut y ajouter M. Paul Schneider, déjà exposant au Groupe 115, et dont une partie des envois a été classée par le Jury au Groupe 117.

Ce Groupe ne comprend qu'une Classe, comme il a été déjà dit.

Le Comité des Houillères de la Loire, de Saint-Etienne, fondé en 1859, exposait un beau modèle au 1/10000ᵉ en verre, avec sections transparentes coloriées, du bassin houiller de la Loire, qui avait déjà figuré et avait été très remarqué à l'Exposition Universelle de 1900 ; la carte géologique du bassin (en tirage mural) de Gruner : un album de planches relatives aux procédés et appareils d'exploitation des Compagnies houillères de la Loire, de Montrambert et la Béraudière, de la Péromière, de Roche-la-Molière et Firminy, de Saint-Etienne, de Villebœuf ; une notice résumant les principales conditions économiques et commerciales du bassin de la Loire ; enfin, une intéressante brochure faisant connaître l'organisation de l'Ecole des aspirants-gouverneurs de Saint-Etienne, avec quelques exemplaires de notes d'élèves. Cette Ecole, dont les résultats font le plus grand honneur au Comité, a été fondée en 1892 sur l'initiative de M. de Castelnau, alors ingénieur en chef des mines à Saint-Etienne. Elle a pour but de donner à des ouvriers mineurs du bassin, recrutés parmi les plus intelligents par les Compagnies qui les emploient, les connaissances utiles pour former de bons contremaîtres. La durée des cours est d'un an ; les ouvriers-élèves travaillent à leurs mines respectives dans la matinée et suivent les cours tous les jours, sauf le dimanche, de 3 heures à 6 heures du soir. L'enseignement, dont le programme était présenté dans la brochure précitée, comprend une partie scientifique préparatoire, avec les éléments les plus essentiels et les plus simples d'arithmétique, de géométrie, de mécanique, de physique, de chimie, et une partie pratique relative à l'exploitation des mines, au lever des plans, à la comptabilité industrielle et commerciale élémentaire, à l'explication des règlements administratifs sur les mines. Les dépenses annuelles de l'Ecole, assurées par le concours des Compagnies houillères membres du Comité, atteignaient, en 1903, 6.985 fr. 45, dont 1.588 fr. 45 de frais divers et 5.400 francs pour le traitement des deux professeurs. Dans les dix années 1892 à 1902, l'École a reçu au total 134 élèves, dont 102 sont sortis avec le brevet d'études, et dont 124 sont actuellement employés dans les mines du bassin de la Loire, 101 avec un grade de gouverneur ou surveillant.

La Compagnie des Mines de Béthune (Pas-de-Calais), exposait quelques planches intéressantes relatives à son exploitation, donnant les plans, élévations et coupes du siège d'extraction n° 10. La Compagnie, fondée en 1851, exploite actuellement 10 fosses, dont 9 en service, un lavoir et des fours à coke. Sa production en 1903 a été de 1.605.941 tonnes de houille et 110.366 tonnes de coke. Elle occupe 5.937 ouvriers, dont 5.196 pour le fond.

M. Paul Malissard-Taza, d'Anzin (Nord), exposait des tableaux représentant divers appareils de mine, parachute Malissard, basculeur des mines de Béthune, plan incliné de Sommorostro, etc. Cette importante maison, fondée en 1848, occupe actuellement 300 ouvriers et atteint un chiffre d'affaires de 2.500.000 francs par an. Elle fournit du matériel à un grand nombre de mines françaises et étrangères, notamment aux houillères du Nord et du Pas-de-Calais.

M. Roux, administrateur-délégué de la Société « *Entreprise générale de fonçage de puits, études et travaux de mine* », de Paris, présentait des tableaux de la marche des travaux de congélation effectués par sa Compagnie pour le fonçage d'un puits de mine ; des dessins du procédé permettant la mesure de la verticalité des trous de sonde, inauguré à Auboué (Meurthe-et-Moselle) ; une notice des divers travaux de fonçage par congélation entrepris pour les mines de Marles (fosse n° 6), de Béthune (fosse n° 8), de Bruay (fosse n° 5 *ter*), de l'Escarpelle (fosse n° 7 *bis*), de Flines-lez-Raches (fosse n° 2), de Ligny-les-Aire (siège n° 2), de Moutiers (Meurthe-et-Moselle ; une description des laveries étudiées pour les Charbonnages du Tonkin, les houillères de Blanzy, de Roche la Molière et Firminy, les mines de plomb d'Arrigas (Gard). La Société occupe six ingénieurs et un personnel d'ouvriers et d'employés variable suivant les travaux en cours.

La Société des Mines de Lens (Pas-de-Calais), propriétaire des concessions houillères de Lens et de Douvrin, avait envoyé à Saint-Louis, pour figurer dans le Groupe 117 (1), une série de tableaux et

---

(1) La Société a également exposé dans le Département O (Économie sociale), au Groupe 133, où elle a obtenu un Grand prix.

de graphiques comprenant des plans et élévations de sa fosse n° 12, ouverte à l'exploitation le 1er janvier 1894, et dont la production atteignait, en 1903, 372.000 tonnes ; un plan de l'installation du quai d'embarquement, des usines de carbonisation, d'agglomération et de lavage des charbons, des usines à sous-produits et des stations génératrices d'électricité ; deux plans d'ensemble de la surface et du fond au 1/20000e ; trois coupes géologiques et stratigraphiques de ses couches ; enfin une notice descriptive. La Société possède 6.939 hectares de concessions, occupe un personnel de 13.323 employés et ouvriers, et dispose de 56 couches de charbon exploitables, d'où elle a extrait, en 1903, 3.228.715 tonnes, ce qui représente près de 15 % de la production totale du bassin de Valenciennes, et plus de 9 % de celle de la France entière. Ses installations consomment une force motrice de 24.513 chevaux-vapeur, et comprennent 12 sièges d'extraction, 18 puits, 120 kilomètres de voie ferrée ; les frais de premier établissement depuis l'origine (1852) se sont élevés à 83.800.000 francs. La Société s'est justement préoccupée du bien-être de son personnel. Elle a construit 5.096 maisons ouvrières, groupées par cités de 50, 100 ou 200 corons, et attenant à des jardins. Sa caisse de secours, organisée en conformité de la loi du 29 juin 1894, réalisait, en 1903, 687.000 francs de recettes et possédait, au 31 décembre 1903, 355.061 fr. 99 de réserve. Sa caisse de retraites, du 1er juillet 1895 au 31 décembre 1903, a effectué sur les livrets des versements atteignant le chiffre total de 5.156.898 francs. Enfin des jeux, des sociétés de musique, de gymnastique, contribuent à l'amélioration morale de la vie ouvrière.

M. Sohier, de Champigny-sur-Marne (Seine), exposait une série de très belles planches photographiques, exécutées par lui suivant un procédé dont il est l'auteur, et reproduisant avec une grande perfection de détail les types caractéristiques des flores fossiles qui permettent la reconnaissance des divers étages charbonneux (flores des houillères du Gard, de Blanzy, de Commentry, du Tonkin, d'Héraclée, du Transvaal, de l'Inde anglaise, etc.). Cette maison, fondée en 1882, occupe aujourd'hui 10 employés, et a pour clientèle les Sociétés géologiques françaises, le service de la carte géologique de France, etc.

M. Paul Schneider, déjà exposant dans le Groupe 115, avait, comme il a été dit, envoyé à Saint-Louis une série de très intéressants diagrammes destinés à faire ressortir les conditions d'existence de l'ouvrier mineur par comparaison avec d'autres corps de métier. Cet ensemble statistique a été classé par le Jury au Groupe 117. Il comprend des relevés comparatifs du nombre d'heures de travail par jour, du nombre de journées de travail par an, du salaire par 10 heures de travail, du nombre d'ouvriers tués par 1.000 ouvriers, de l'accroissement des salaires des mineurs dans les quarante dernières années. La comparaison est rendue plus concrète par sa présentation sous forme d'images, figurant les diverses professions, et établies à des échelles proportionnelles aux chiffres qu'elles doivent représenter ; ces diagrammes ont été reproduits dans la notice dressée par M. Schneider pour l'Exposition de Saint-Louis.

Les Colonies françaises, enfin, étaient représentées par le GOUVERNEMENT GÉNÉRAL DE L'ALGÉRIE, qui avait réuni dans le Palais de l'Agriculture des cartes et des plans du territoire algérien, à côté des échantillons des principaux produits minéraux du pays.

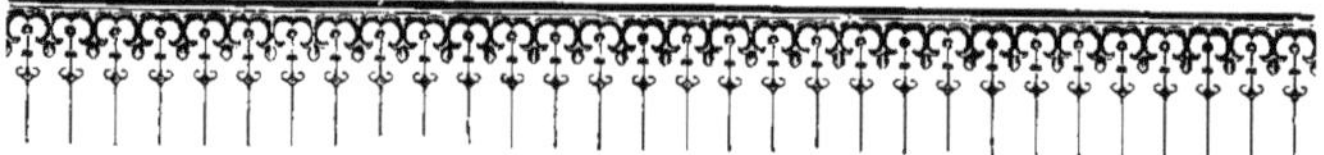

II

EXPOSITION DES ÉTATS=UNIS

'AI déjà signalé que les divers objets exposés par la Confédération américaine avaient été, en principe, groupés par pays producteurs, et se trouvaient réunis, pour la plus grande part, dans le Palais des Mines et de la Métallurgie, exception faite des modèles encombrants installés sur le « Gulch », et de l'Exposition coloniale des Philippines. L'examen du Catalogue montre cependant en tête de la nomenclature officielle, un certain nombre d'Expositions groupées sous la rubrique générale « Etats-Unis », sans affectation à un Etat déterminé. Elles appartiennent pour la plupart soit à des établissements publics, soit à des Sociétés qui possèdent des ramifications dans plusieurs Etats, et n'ont pas voulu ou n'ont pas pu, pour des motifs d'ordre commercial ou financier, se ranger spécialement sous l'une des 44 étoiles de l'Union. Ces Expositions ont été disséminées un peu partout dans le Palais, en dehors des blocks spécialisés aux Etats.

Je suivrai, dans cet examen sommaire des principaux produits exposés, l'ordre des trois Groupes 115, 116 et 117, auxquels, comme je l'ai dit, se limite cet exposé. Je commencerai par l'Exposition collective des Etats-Unis, dont je viens de parler, pour continuer par les divers Etats ou Territoires de la Confédération, rangés dans l'ordre alphabétique du Catalogue officiel.

GROUPE 115

a) Exposition collective des Etats-Unis.

L'exploitation des mines était en somme fort modestement représentée dans la Section américaine. L'Exposition du « Gulch » qui était destinée, en principe, à réunir de nombreux modèles, en grandeur naturelle ou réduite, d'installations minières de surface, se bornait à exhiber un petit chemin de fer minier à voie étroite et divers types de wagonnets, un modèle réduit de câble aérien, des

Fig. 10. — Brûleur à pétrole de la F. W. Braun C⁰, pour moufles de laboratoire.

transporteurs, quelques reproductions de bocards ou de lavoirs primitifs, et un bureau d'essai.

Ce dernier, qui occupait sous le nom de « Metal Pavilion » l'angle nord-est du « Gulch », a été organisé par l'UNITED STATES GEOLOGICAL SURVEY ; il comprenait les différents appareils usuels pour les analyses de combustibles et les essais de pouvoir calorifique à la bombe Mahler. L'ECOLE DES MINES DU COLORADO (Golden, Colorado), y exposait les installations nécessaires à l'analyse des minerais de fer, zinc, plomb, cuivre, argent et or par voie sèche ou voie humide.

Parmi les appareils de laboratoire exposés, il convient de mentionner les balances de précision de divers types de W. AINSWORTH et SONS, de Denver (Colorado), et surtout les intéressants appareils de chauffage à l'essence de pétrole exposés par la F. W. BRAUN C⁰, de Los Angeles (Californie). Ces brûleurs (brevet Cary du 3 juillet 1900 et du 8 janvier 1901), permettent d'amener rapidement à une tempé-

rature élevée, réglable à volonté, les moufles de laboratoire, fourneaux, etc., auxquels ils s'adaptent facilement. L'essence de pétrole
descend par une conduite de petit diamètre, d'un réservoir où elle
est emmagasinée jusqu'à l'appareil. Une fois allumée au bec par
lequel elle débouche, elle donne un dard de flamme qui, en péné-
trant dans le manchon (*mixing tube*) du brûleur, entraîne automa-
tiquement, suivant le principe des becs Bunsen, l'air en grand excès
nécessaire à la combustion complète. Il est facile, en quelques instants,
de régler l'arrivée d'essence de manière à obtenir une marche satis-
faisante. Ces appareils se font en diverses dimensions ; le tableau ci-
dessous en fait connaître les principales caractéristiques. Ils sont
surtout remarquables par leur peu d'encombrement.

DIAMÈTRE		LONGUEUR		HAUTEUR TOTALE		POIDS		PRIX	
POUCES	MILLIM.	POUCES	MILLIM.	POUCES	MILLIM.	LIV. ANG.	KILOGR.	DOLLARS	FRANCS
1 1/4	32	13	330	2 1/2	63	5	2,270	10	52 »
1 1 2	38	13 1/2	343	2 3/4	70	5	2,270	11	57 20
1 3 4	44	14	356	2 7/8	73	6 1/2	2,951	12	62 40
2	51	15 1/2	394	3 1/8	79	7	3,178	13/50	70 20
2 1/4	57	17	432	3 3/8	86	7 12	3,405	15	78 »

Des exemplaires de ces brûleurs figuraient également dans le
Palais des Mines, au block 81.

Les appareils de sondage étaient représentés par l'AMERICAN DIA-
MOND ROCK DRILL Cº, qui exposait les sondeuses au diamant à progression automatique déjà bien connues en Europe.

Comme matériel de mine proprement dit, il faut noter l'Exposition des broyeurs et bacs de lavage présentée par les grands constructeurs ALLIS-CHALMERS AND Cº, de Chicago, dans le block 82 ; les
broyeurs rotatifs de l'AUSTIN MANUFACTURING Cº, de Chicago, dans le
block 90 ; les wagonnets miniers exposés par l'ATLAS CAR AND MANU-
FACTURING Cº, de Cleveland (Ohio), dans le block 73 et sur le « Gulch » ;
les perforatrices à injection d'eau et les compresseurs étagés de la
LEYNEER ENGINEERING WORKS Cº, de Denver (Colorado), réunis dans le
block 81, les transporteurs de charbon de la ROBINS CONVEYING BELT
Cº, de New-York, installés sur le « Gulch ». Tous ces appareils sont,
en général, bien établis, mais ne montrent pas d'innovation spéciale
intéressante à signaler.

b) **Expositions particulières des Etats.**

Les divers Etats de l'Union n'ont, pour la plupart, rien exposé dans le Groupe 115.

Il n'y a guère à citer dans cette catégorie que la collection de coupes minces de roches diverses présentée (block 21), comme exemple d'enseignement didactique, avec un microscope de démonstration, par la GEOLOGICAL SURVEY DE L'ETAT DE NEW-JERSEY (Trenton L. N. J.) et le coûteux modèle en réduction de chemin de fer minier exposé dans le block 50 par l'ETAT DU MISSOURI ; qu'on se figure une série de 6 trains, comprenant une trentaine de wagonnets en miniature, circulant mécaniquement sur une double voie formant boucle elliptique fermée, et l'on aura une idée approximative de cette « attraction », qui fait plutôt penser à un jouet d'enfant qu'à un modèle industriel intéressant.

Mentionnons, pour terminer, une Exposition de brûleurs de pétrole, présentée par l'ETAT DE CALIFORNIE comme annexe à son intéressante Exposition pétrolifère, et une Exposition analogue de la RUSH NATIONAL OIL BURNER Cᵒ, de Los Angeles (Californie). Ces brûleurs sont analogues à ceux que j'ai précédemment décrits. Leur classement dans le Groupe 115 était d'ailleurs assez contestable, à moins de les considérer comme appareils de laboratoire.

GROUPE 116

a) **Exposition collective des Etats-Unis.**

Ce Groupe réunit, comme l'indiquent sa dénomination officielle et l'énoncé des Classes qui le composent, les échantillons des richesses minérales du sol, et accessoirement les produits commerciaux résultant de leur utilisation directe, avec les données destinées à mettre en relief l'importance de cette utilisation, et les procédés employés à cette fin. Cette large définition n'a été bien compise et suivie que par une partie des exposants : un grand nombre d'entre eux ont pris simplement à la lettre le titre du Groupe, limité à sa première partie (minéraux et pierres), et ont présenté purement et simplement à la curiosité des visiteurs des collections minéralogiques plus ou moins complètes, souvent fort belles, mais plus intéressantes pour un minéralogiste que pour un mineur, sans indiquer, ni par des produits industriels, ni par des tableaux statistiques, ni par des brochures, l'importance et le degré d'utilisation actuelle de toutes les richesses minérales étalées en échantillons sous leurs vitrines.

Industrie houillère. — L'industrie houillère était surtout représentée dans l'Exposition collective des Etats-Unis par le district de Pittsburgh, qui a fait une Exposition tout à fait indépendante de celle de l'Etat de Pensylvanie dont il fait géographiquement partie. Le but très apparent de cette exhibition, due à la Chambre de Commerce de Pittsburgh, a été de réunir et de synthétiser par une série de cartes et de modèles en relief (dépendant du Groupe 117), complétées par des tableaux et des brochures statistiques, l'importance toujours croissante du célèbre district industriel que ses *businessmen* se plaisent aujourd'hui à désigner sous la dénomination de « Greater Pittsburgh ». J'aurai l'occasion d'en reparler à propos du Groupe 117.

En ce qui concerne le Groupe 116 en particulier, il convient de citer les charbons gras et les cokes présentés par la Pittsburgh Coal Cⁱⁱ. Ce puissant trust, organisé en septembre 1899, au capital de 60 millions de dollars (environ 330 millions de francs), possédait, fin 1903, 85 mines de charbon dans le district de Pittsburgh et 7 dans le bassin de la Hocking Valley (État d'Ohio), dont la production d'ensemble journalière peut atteindre jusqu'à 75.000 tonnes. La production totale du trust, en 1903, a été de 16.664.460 tonnes, en augmentation de 688.379 tonnes sur 1902, et les bénéfices nets qu'il accuse ont été de 6.751.025 dollars, soit en chiffres ronds 35 millions de francs, ou un peu plus de 2 francs par tonne. Encore ces chiffres vont-ils être considérablement amplifiés dès cette année. Au cours de 1904, le trust a en effet absorbé la *Monongahela River Consolidated Coal and Coke Cᵒ*, qui accusait pour son compte une production donnant un bénéfice annuel de 3.713.369 dollars (environ 19 millions de francs) ; c'est un accroissement de 50 °/₀ dans l'importance du trust.

Les statistiques publiées par la Chambre de Commerce de Pittsburgh font ressortir, avec un orgueil d'ailleurs légitime, la prospérité extraordinaire du district. Laissant de côté l'industrie métallurgique qui en constitue un des principaux éléments de fortune, mais ne rentre pas dans le cadre de ce rapport, et les autres branches accessoires du commerce, pour m'attacher seulement à l'exploitation des richesses minérales, je me bornerai à reproduire ci-après, à titre documentaire, quelques-uns des tableaux de statistique comparative exposés à Saint-Louis par la Chambre de Commerce de Pittsburgh, et relatifs (sauf le dernier) à l'année 1902.

I. — *Tonnage du mouvement commercial (chemins de fer et voies d'eau) de Pittsburgh et des principaux ports du monde.*

Pittsburgh	86,636,680	tonnes (1)
Londres.	17,564,110	—
New-York.	17,398,000	—
Anvers.	16,721,000	—
Hambourg	15,853,490	—
Hong-Kong.	14,724,270	—
Liverpool.	13,157,720	—

II. — *Production houillère.*

Production mondiale	**884,803,434**	tonnes (1)
Etats-Unis.	301,590,439	—
Angleterre.	254,346,447	—
Allemagne.	165,836,496	—
Autriche-Hongrie.	45,417,959	—
District de Pittsburgh.	*36,137,346*	—
France.	33,286,146	—
Belgique.	24,485,842	—
Russie.	17,934,201	—
Autres pays	41,915,904	—

III. — *Production du pétrole.*

Production mondiale	125,909,900	barils (2)
Etats-Unis.	67,775,500	—
Russie.	52,320,000	—
District de Pittsburgh.	*30,000,000*	—
Autriche	2,023,000	—
Sumatra.	1,675,000	—

(1) Il s'agit ici de la *short ton* américaine, qui vaut environ 907 kilogrammes.

(2) Le baril américain employé pour le commerce du pétrole tient environ 42 gallons américains, soit 159 litres.

Java.	697,700	barils
Canada	674,400	—
Allemagne	348,900	—
Autres pays.	395,400	—

IV. — *Production du coke.*

	Nomb. de fours	Prod. en tonn.	Val. en dollars
District de Pittsburgh.	28,092	14,138,748	33,508,714
Le reste des Etats-Unis.	19,707	11,821,250	28,111,162

V. — *Exploitation du gaz naturel dans le district de Pittsburgh en 1903.*

	Chiffres américains	Conversion en mesures françaises (chiffres ronds)
Montant du capital des diverses Compagnies d'exploitation.	60,000,000 doll.	310,000,000 fr.
Longueur des conduites de distributions (pipe-lines).	4,000 milles	6,440 kilom.
Nombre de puits	2,000	»
Superficie des terrains exploités	500,000 acres	200,000 hectares
Consommation journalière	350,000.000 p. c.	10,000,000 m. c.
Nombre des usines alimentées.	1,000	»
Nombre des ménages employant le gaz naturel pour l'usage domestique	130,000	»
Nombre de puits nouveaux forés annuellement.	500	»

Je signalerai, pour terminer ce qui concerne la houille dans ce groupement collectif, les charbons exposés par la CONSOLIDATION COAL Cᵒ, la FAIRMONT COAL Cᵒ, la SOMERSET COAL Cᵒ, dont j'aurai l'occasion de reparler au Groupe 117 à propos du modèle de mines exposé par elles ; enfin les sous-produits de l'industrie du coke présentés par l'AMERICAN COAL PRODUCTS Cᵒ, de New-York. Les autres exploitations houillères de la Confédération américaine ont exposé, dans le Groupe 116, avec les Etats dont elles font partie, et où nous les retrouverons plus loin.

Pétrole. — Le commerce de ce combustible minéral, que sa nature et ses usages font classer immédiatement à la suite des charbons dans l'énumération des richesses minières, est réuni pour la plus grande partie, aux Etats-Unis, entre les mains du puissant trust connu sous le nom de Standard Oil C°. Cette Compagnie célèbre a commencé par étendre son monopole de fait sur toute la Pensylvanie en couvrant les champs pétrolifères d'un réseau de pipe-lines qui lui assurèrent l'entreprise exclusive du transport et de la vente du naphte. Elle vient d'en faire autant en Californie, par l'acquisition et la construction de raffineries, l'établissement d'une pipe-line entre le bassin de Kern-River et San-Francisco, et l'achat d'une flotte de bateaux-réservoirs.

La Standard Oil C° exposait à Saint-Louis une collection importante d'échantillons de pétroles crus ou raffinés, provenant des innombrables exploitations placées sous sa dépendance. Mais, avec une réserve peut-être dictée aujourd'hui par la prudence, elle s'est abstenue de donner aucun renseignement catégorique sur le chiffre actuel de ses affaires.

Mines métalliques et diverses. — Les mines de fer étaient à peine représentées dans la collectivité qui nous occupe, par quelques échantillons de minerais de fer de la Bethlehem Steel C°, de Bethlehem (Pensylvanie) et de la Cleveland Cliffs Iron C°, de Cleveland (Ohio). Cette dernière accuse pour 1903, une production de 1.649.567 *gross tons* (1) de minerai de fer provenant de ses mines du lac Supérieur, et qui sont traités au charbon de bois dans les fourneaux de la Compagnie alliée *Pioneer Iron C°*, à Marquette (Michigan).

Il en est de même des autres mines métalliques ; il n'y a guère à mentionner que l'Exposition de la Missouri Lead and zinc mine, qui a construit dans le « Gulch » un modèle de galerie de mine, tapissé, d'une manière plus ornementale qu'instructive, de cristaux de blende et de galène ; encore cette « attraction » figurerait-elle plus justement au Groupe 117.

Carrières. — Les substances minérales extraites des carrières figuraient à l'Exposition par leurs échantillons naturels et par leurs produits manufacturés ; ces derniers prédominent même de beaucoup pour certaines catégories de carrières.

Les ciments étaient représentés d'abord par l'American Cement C°, de Philadelphie (Pensylvanie), qui exposait dans le block 11 du Palais des Mines une pierre à ciment du district de Lewigh (Pensylvanie), renfermant 26 °/₀ de silice, 9 °/₀ d'alumine, 50 à 55 °/₀ de chaux, et moins de 2 °/₀ de magnésie ; le ciment obtenu serait com-

____

(1) La *gross ton* (2.240 livres) vaut environ 1.016 kilogrammes.

parable comme résistance aux meilleurs Portlands artificiels. La même Compagnie présentait également, sous le nom de réclame « Géant », un ciment de Portland fabriqué au moyen des produits de ses carrières de Pensylvanie ; elle en indiquait la qualité par les données suivantes, résultant d'essais effectués au cours de 1903.

CIMENT PUR	NOMBRE D'ÉCHANTIL-LONS ESSAYÉS	MOYENNE TROUVÉE POUR LA RÉSISTANCE A LA RUPTURE AU BOUT DE :					
		24 heures		7 jours		28 jours	
		Livres par pouce carré	Kilogr. par c m²	Livres par pouce carré	Kilogr. par c m²	Livres par pouce carré	Kilogr. par c/m²
Mortier { 2 de sable	39,209	309	22	745	52	854	60
{ 1 de ciment	25,644	»	»	423	30	529	37

L'Association des Fabricants de ciments de Portland avait réuni dans le « Gulch », en un pavillon spécial, une Exposition collective due à la collaboration d'une quarantaine de maisons. Elle présentait des échantillons de ciment et des modèles de machines pour le broyage et le malaxage des produits.

L'industrie de la brique exposait de nombreux échantillons de matières premières et de produits manufacturés, ces derniers souvent très réussis. Il convient de citer à cet égard les modèles de briques dures, dites simili-granits, de l'Iowa Granite brick C°, de l'Arkansas Granite brick C°; les briques colorées, assemblées en un kiosque octogonal de près de 12 mètres de hauteur, présentées par l'Hydraulic Press brick C°, de Saint-Louis; les briques vernies de la « Blue Ridge » Enameled brick C°, de Newark (New-Jersey), de la Tiffany Enameled brick C°, de Momence (Illinois), de la Northwestern terra cotta C°, de Chicago (Illinois), qui exposait une construction monumentale avec reliefs en terre cuite, des briques simili-granits, etc...; les briques réfractaires de la Fulton Fire brick C°, de Fulton (Missouri); des Louisville Fire brick Works, de Louisville (Kentucky), de la Laclede Fire brick C°, de Saint-Louis (Missouri); de la Missouri Fire brick C° (Saint-Louis), qui présentait de beaux modèles de moufles de laboratoire, droits et courbes, de cornues à gaz, etc...; l'Exposition de la Saint-Louis Vitrified and Fire brick C° (Saint-Louis), comprenant de nombreux échantillons de briques, voussoirs et cintres de fours, tuyaux, creusets, moufles, condenseurs à zinc; les tuiles de la Mound City roofing tile C°, de Saint-Louis (Missouri), etc., etc...

La Geological Survey de l'État de Géorgie exposait dans cette Section de beaux échantillons de kaolin.

Il faut réserver une mention spéciale à l'intéressante Exposition de « briques en chaux et sable » (sand-lime bricks) de la Huennekes C°, de New-York (N.-Y.). Ces produits, manufacturés suivant un procédé importé d'Allemagne, sont formés d'un mélange de sable demigros et de sable fin, aggloméré par de la chaux qu'on malaxe soigneusement ensemble. La pâte, moulée à la forme convenable, est imprégnée d'une solution de silicate alcalin et la prise s'effectue dans des chambres chauffées à la vapeur. Il se forme un silicate de chaux d'une grande dureté. Les briques obtenues sont remarquables par leur durée, leur résistance aux agents atmosphériques et aux variations de température ; il est facile de les colorer par la simple addition à la pâte d'une poudre tinctoriale. La Compagnie présentait une collection fort complète de ses produits et de ses appareils de moulage.

L'industrie du plâtre tenait une place importante avec l'United States Gypsum C°, dont le siège social est à Chicago (Illinois), et dont les carrières sont réparties un peu partout dans les États de l'Union, le New-York, l'Ohio, l'Illinois, le Michigan, le Kansas, l'Oklahoma, l'Iowa, la Pensylvanie, l'Indiana, le Wisconsin, le Minnesota, le Nebraska. La Société possède 26 sièges principaux d'exploitation, la plupart à ciel ouvert, portant sur des bancs de gypse de 4 à 8 mètres de puissance, et quelques carrières souterraines, n'atteignant guère plus de 17 à 18 mètres de profondeur. La production annuelle est d'environ 1 million de tonnes de gypse représentant une valeur de 1,200,000 dollars, et de plus de 5 millions de dollars de plâtre marchand ; elle occupe aujourd'hui 10,000 ouvriers. Ces résultats sont d'autant plus remarquables que l'Amérique était encore, il y a 15 ou 20 ans, entièrement tributaire de la France et de l'Allemagne pour l'industrie plâtrière. L'Exposition de la Société, centralisée aux blocks 1 et 2 du Palais des Mines, dans une vaste construction, comprend de nombreux échantillons de plâtres et de stucs, et des modèles de moulages.

Les seuls échantillons d'ardoise exposés dans la collectivité dont nous nous occupons appartenait à la Vermont Slate C°, de Proctor (Vermont), et provenaient des carrières exploitées par cette Société à Pawlet (Vermont). Ils ne suffiraient pas à donner une très haute idée du développement de l'industrie ardoisière aux États-Unis.

Les meules et émeris étaient représentés particulièrement par la Nor-

TON EMERY WHEEL Cᵒ, de Worcester (Massachusetts), qui exposait, avec de nombreux modèles de meules et pierres à aiguiser, des échantillons d'émeri et du corindon artificiel préparé au four électrique. Non loin se trouvait l'intéressante Exposition collective du NIAGARA FALLS BOARD OF TRADE comprenant, avec de nombreux échantillons d'émeris et de meules, de fort beaux spécimens de carborundum fabriqué au four électrique ; un modèle de four électrique, et de nombreux produits chimiques spéciaux élaborés dans cet appareil, carbure de calcium, sodium métallique, etc... Les prix de revient de ces substances sont relativement peu élevés à Niagara Falls, en raison du bon marché de l'énergie électrique empruntée à la puissance inépuisable des célèbres cataractes. Les cinq usines génératrices (2 américaines, 3 canadiennes) installées sur les chutes, utilisent actuellement une puissance de 250,000 chevaux, et travaillent à l'installation d'appareils nouveaux prévus pour 495,000 chevaux supplémentaires. Les turbines employées sont en général de 5 à 6,000 chevaux chacune. L'énergie recueillie est transformée : 1° pour les besoins locaux, au moyen de dynamos, en courant continu généralement de 300 volts de tension ; 2° pour le transport à distance, au moyen d'alternateurs et de transformateurs, en courants triphasés à 11,000, 22,000, 40,000 volts, suivant la distance à parcourir, qui, à Buffalo, est déjà d'une quarantaine de kilomètres. La plupart des usines électro-chimiques ou électro-métallurgiques sont réparties entre cette ville et Niagara.

Les matières rares ont donné lieu à quelques Expositions intéressantes parmi lesquelles il convient de citer l'exhibition de gemmes et pierres précieuses présentées par la Société de bijouterie TIFFANY ET Cᵒ, de New-York ; la collection de minéraux spéciaux : thorogommite, nivenite, cyrtolite, fergusonite, mackintoshite, etc., d'où l'on extrait les terres rares usitées dans la fabrication des lampes à incandescence, exposée par la NERNST LAMP Cᵒ, de Pittsburgh ; enfin les échantillons de substances radifères, monazite, sels de platine et de baryum, etc.., présentés par MM. GEORGE L. ENGLISH, de New-York, et F. E. JACKSON, d'Orange (New-Jersey) avec des radiographies obtenues au moyen de ces substances par des expositions de 7 à 10 jours.

Je terminerai ce compte rendu de l'exposition collective des Etats-Unis en mentionnant la très importante collection d'eaux minérales présentées collectivement sous les auspices de l'UNITED STATES GEOLOGICAL SURVEY par plus d'une centaine de Compagnies : nombreuses eaux médicales, et surtout nombreuses eaux de table, à grand débit commercial, telles que celles de la MANITOU MINERAL SPRINGS Cᵒ,

de Manitou (Colorado), de la White Rock mineral Spring Cⁱᵉ, de Wa-
kesha (Wisconsin), etc... vendues à peu près partout aux Etats-Unis.

b) Expositions particulières des Etats.

Les Expositions figurant à la collectivité américaine ne constituaient
qu'une minorité. La plupart s'étaient groupées par Etats ou Territoires ; 40 de ces derniers étaient ainsi représentés, et occupaient
chacun un emplacement spécial dans le Palais des Mines.

Alabama. — L'Exposition de l'Alabama était située dans l'axe même
du Palais, au block 72. Elle était dominée par une colossale statue
de fonte, représentant le dieu Vulcain, présentée par le « Club du
Commerce » de la ville de Birmingham. Cette effigie haute de 18 mètres, pesant 60 tonnes, et qui a, paraît-il, coûté à ses auteurs une
centaine de mille francs, a été fondue par la *Birmingham Steel and
Iron Cⁱᵉ*, sur une maquette du sculpteur G. Moretti, de New-York.
Plus remarquable par ses dimensions que par son esthétique, elle est
bien digne de présider dans ce Palais à la manifestation de l'industrie américaine.

L'Alabama Geological Survey exposait une collection de pierres à
ciment, d'argiles, de kaolin, de bauxite, d'ocres, de calcaire lithographique, fournis par les carrières du territoire.

L'industrie houillère était modestement représentée par la Block-
ton-Cahaba Coal Cⁱᵉ, de Coleanor, qui exposait un charbon gras pour
chauffage domestique, offrant la composition suivante :

Carbone fixe.	52 40
Hydrogène et hydrocarbures. . . .	36 86
Humidité	1 74
Soufre.	0 60
Cendres.	4 00

La Société accuse pour 1903 une production valant 176.000 dollars, soit environ 900,000 francs. Citons à côté d'elle la Tennessee Coal,
Iron and Railroad Cⁱᵉ, de Birmingham, qui présentait quelques échantillons de coke, n'offrant rien de remarquable.

Arizona. — Le plateau dénudé de l'Arizona est plus riche en mines
métalliques qu'en usines ; l'industrie métallurgique est loin d'y avoir

atteint son complet développement. En revanche, près de 250 compagnies de mines y exposaient aux visiteurs du block 72 des échantillons de minerais de fer, plomb, cuivre, zinc, argent, or, arsenic, tungstène, molybdène, sous forme d'hématites, de pyrites, de galène, blende, cuivre gris, wolfram, molybdénite, etc... C'était une intéressante vitrine de minéralogie, mais les indications industrielles et géologiques sur l'importance des gisements reconnus et de leur exploitation faisaient totalement défaut. C'est en somme l'industrie du cuivre qui domine de beaucoup.

Pas d'Exposition houillère.

Arkansas. — Avec l'Arkansas au contraire, qui occupait une place importante au block 61, c'est la houille qui dominait tout, l'État produisant principalement de l'anthracite. Cette industrie était représentée par de nombreuses Sociétés, notamment les suivantes :

La BOLEN-DARNELL COAL C°, de Gwynn, dont la fondation est toute récente (1901) et qui n'occupe encore que 198 ouvriers, mais se développe rapidement ;

La CENTRAL COAL AND COKE C°, de Juntington, qui présentait un anthracite de la composition suivante :

Carbone fixe	77 83
Matières volatiles.	14 03
Eau hygrométrique.	1 33
Gaz incombustibles	0 18
Soufre.	1 33
Cendres	5 63

La CONSOLIDATED ANTHRACITE COAL C°, de Spodra, qui occupe 300 ouvriers et exposait un échantillon contenant :

Carbone fixe	85 60
Matières volatiles.	7 90
Cendres.	6 00

La MIDLAND VALLEY COAL C°, de Hartford, qui présentait l'anthracite suivant, provenant d'une couche de 2ᵐ80 de puissance :

Carbone fixe	78 38
Matières volatiles	3 80
Eau hygrométrique.	0 73
Soufre.	1 13
Cendres.	5 96

La NORTHWESTERN ANTHRACITE COAL C°, de Spodra, qui exposait un échantillon contenant :

Carbone fixe. 77 44
Matières volatiles 11 52
Eau hygrométrique 1 58
Soufre 2 41
Cendres 7 46

La OUITA ANTHRACITE COAL C° ;

L'UNION COAL C°, de Paris, qui présentait quelques spécimens de houille grasse ;

La GUNTHER COAL C°, de Paris ;

La LAMB AND TIMBER C°, de Camden, qui exposait une vitrine d'échantillons de lignite.

Mentionnons pour terminer l'Exposition collective de l'ÉTAT D'ARKANSAS, comprenant une collection importante de minerais métalliques, notamment des minerais manganésifères du district de Batesville : galène, calamine, smithsonite, sphalérite, limonite, psilomélane, pyrolusite, etc. ; de produits de carrières : marbres, ocres, tripoli, argiles, phosphates : d'eaux minérales diverses de Baxter et Boone County.

Californie. — L'État de Californie compte parmi les plus riches de l'Union par son commerce et sa production minérale. Cette dernière a été évaluée comme suit, pour l'année 1902, par les statistiques officielles (les dernières définitives).

Métaux.

	PRODUCTION EN TONNES (1) (sauf indication contraire)	VALEUR EN DOLLARS
Or.	25 T. 575	16,910,320
Cuivre.	13,930 T. 081	3,239,975
Mercure.	29,552 bouteilles (2)	1,276,524
Argent.	30 T. 820	616,412
Plomb.	174,720 T.	12,230
Manganèse.	870 T.	7,140
Chrome	315 T.	4,725
Couleurs minérales.	589 T.	1,553
Platine.	39 onces (3)	468
TOTAL.		22,069,327

(1) *Short tons* de 2.000 livres, valant 907 kilogrammes.
(2) Bouteilles (*flasks*) de 76 livres et demie, soit 34 kgr. 730.
(3) *Onces troys* de 31 gr. 103496.

Charbon.

		VALEUR EN DOLLARS
Houille	88,460 т.	248,622

Hydrocarbures minéraux.

Asphaltes	34,511 т.	349,344
Roches bitumineuses	33,490 т.	43,411
Gaz naturel	120,968,000 pieds cubes (1)	99,443
Pétrole	14,356,910 barils (2) (3)	4,692,189
	Total.	5,184,387

Matériaux de construction.

Briques manufacturées . . .	169,851 milliers	1,306,215
Ciment de Portland.	171,000 barils	423,600
Argile à poteries	67,933 т.	74,163
Chaux cuite.	448,664 barils	369,616
Pierre à chaux crue	71,422 т.	90,524
Gypse	10,200 т.	53,500
Sable pour verreries	4,500 т.	12,225
Moellons et gravier à béton.	1,555,076 т.	830,981
Granit.	257,650 pieds cubes	255,239
Grès.	212,123 pieds cubes	142,506
Marbre	19,305 pieds cubes	37,616
Serpentine	512 pieds cubes	5,065
Stéatite	14 т.	288
Ardoise	4,000 rods carrés (4)	30,000
	Total.	3,631,538

Matériaux d'empierrement.

Macadam	500,939 т.	418,548
Pavés	3,502 milliers	112,437
	Total.	530,985

(1) Le pied cube vaut 28 lit. 314.
(2) Barils de 42 gallons américains (à 3 lit. 785), soit environ 159 litres.
(3) Valeur au puits d'extraction.
(4) Le *rod carré* vaut 25 m² 30.

Substances diverses.

		VALEUR EN DOLLARS
Acide borique et borax . . .	17,202 T.	2,234,994
Sel.	115,208 T.	205,866
Chrysoprase.	0 T. 025	500
Terre à foulon	987 T.	19,246
Graphite.	42 T.	1,680
Corail	422 T.	2,532
Magnésite	2,830 T.	20,655
Lithia-mica	822 T.	31,880
Mica.	50 T.	2,500
Pyrites.	17,525 T.	60,306
Soude	7,000 T.	50,000
Tourmaline	»	150,000
Turquoise	0 T. 255	11,600
	TOTAL	2,791,769

Eaux minérales.

Eaux diverses.	1,701,142 gallons	612,477

Le total général de la production minérale de la Californie s'est élevé ainsi, en 1902, à 35,069,105 dollars (environ 182 millions de francs). L'augmentation par rapport à 1901 a été de 713,124 dollars (3,700,000 francs).

On voit que la valeur des métaux précieux représente à elle seule plus de la moitié de ces chiffres. Les districts ayant produit en 1902 plus d'un million de dollars de métal or sont les suivants :

Comté de Nevada, avec une extraction d'or représentant	$	2,142,740
— Calaveras	—	2,072,939
— Tuolumne	—	1,791,298
— Amador	—	1,629,151
— Kern	—	1,165,982

Trente autres comtés, soit 35 au total, sur l'ensemble des 57 divisions territoriales de l'État, sont producteurs d'or.

L'industrie aurifère de la Californie a pris naissance en 1848 ; à la suite de la « fièvre d'or » restée célèbre dans les annales du dernier siècle, elle a atteint son maximum en 1852 avec une production de 81,294,700 dollars (420 millions de francs). Elle a ensuite rapidement décliné jusqu'en 1865 ; depuis lors, elle est restée sensiblement stationnaire et ce régime, qui se maintient ainsi depuis quarante ans, ne semble pas en voie de modification. Le tableau suivant résume le mouvement de la production de l'or depuis la découverte des placers :

1848. . . . . $	245,301
1850.	41,273,106
1852.	81,294,700
1855.	55,485,395
1860.	44,095,163
1865.	17,930,858
1870.	17,458,133
1875.	16,876,009
1880.	20,030,761
1885.	12,661,044
1890.	12,309,793
1895.	15,334,317
1900.	15,863,355
1901.	16,989,044
1902.	16,910,320
Total de la production depuis 1848 :	1,379,275,408

Après l'or, le pétrole apparaît comme la richesse minérale la plus importante de la Californie. La valeur donnée ci-dessus pour le naphte extrait semble à première vue excessivement basse, puisqu'elle fait ressortir le baril de 159 litres à moins de 2 francs. Il convient d'observer que cette estimation (officielle) correspond à la valeur de l'huile minérale à pied d'œuvre ; les frais de transport, d'emmagasinement, de raffinage viennent l'augmenter dans des proportions considérables.

Les gisements de pétrole californiens varient, comme âge géologique, du pliocène à l'éocène : ils se rencontrent en général dans des sables ou des grès recouverts d'un toit schisteux imperméable. Les districts producteurs sont au nombre de six, énumérés dans le tableau suivant :

DISTRICTS	PRODUCTION EN 1902 (barils de 42 gallons)	VALEUR A PIED D'ŒUVRE (dollars)
Comté de Kern.	9,777,948	1,955,585
Los Angeles.	2,198,496	1,075.868
Comté d'Orange	1,103,793	824,492
Comté de Fresno.	571,233	199,931
Comté de Ventura	475,000	455,000
Comté de Santa-Barbara . .	230,440	181,313
Totaux.	14,356,910	4,692,189

On voit que le comté de Kern et la région de Los Angeles fournissent à eux seuls 12 millions de barils sur le total de 14. Le bassin de Los Angeles est connu depuis déjà longtemps ; par contre celui de Kern est de découverte toute récente (1899) et s'est développé avec une rapidité extraordinaire. Géographiquement, il se trouve situé à l'est de la ligne de chemin de fer de l'Atchison Topeka and Santa-Fé Railroad, à peu près à mi-chemin entre Fresno et Los Angeles. Géologiquement, le bassin pétrolifère, dont la superficie atteint une cinquantaine de kilomètres carrés, est constitué par des sables miocènes, avec toit d'argile. Il est percé aujourd'hui de près de 400 puits, d'une profondeur variant de 40 à 140 mètres, et qui coûtent environ 12 dollars le mètre courant.

Le tableau ci-après permet de se rendre compte du développement de l'industrie du pétrole en Californie au cours des seize dernières années :

ANNÉES	PRODUCTION TOTALE DE L'ÉTAT (barils)	VALEUR A PIED D'ŒUVRE (dollars)
1887.	678,572	1,357,144
1888.	690,333	1,380,666
1889.	303,220	368,048
1890.	307,360	384,200
1891.	323,600	401,264
1892.	385,049	561,333
1893.	470,179	608,092
1894.	783,078	1,064,521
1895.	1,245,339	1,000,235
1896.	1,257,780	1,180,793
1897.	1,911,569	1,918,269
1898.	2,249,088	2,376,420
1899.	2,677,875	2,660,793
1900.	4,329,950	4,152,928
1901.	7,710,315	2,961,102
1902.	14,356,910	4.692,189
1903 (chiffres approximatifs.). .	24,000,000	8,000,000
Totaux pour les 16 années.	63,680,217	35,067,997

Les pétroles de Californie se distinguent de ceux de Pensylvanie et même de Russie, par leur forte teneur en asphalte et leur pauvreté en huiles lampantes. Ce sont des naphtes lourds, tenant chimiquement un excès de carbone qui rend leur flamme fuligineuse, et ne donnant généralement pas de paraffine. Le tableau ci-contre résume à cet égard une collection d'intéressants essais effectués par M. H.-N. Cooper au Bureau des mines de Californie, sur des échantillons exposés à Saint-Louis, et dont le tableau indique la provenance.

En raison de sa très faible teneur en huiles lampantes, la plus grande partie du pétrole californien n'est pas raffinée. On le consomme à l'état brut, surtout comme combustible; son pouvoir calorifique élevé le rend particulièrement propre à cet usage, qui se développe de plus en plus sur les locomotives de chemin de fer. Le Southern Pacific et l'Atchison Topeka and Santa-Fé Railroad en ont consommé en 1902 près de 8 millions de barils, soit plus de la moitié de la production.

Un autre emploi qui tend à prendre une grande extension est l'huilage des routes. Le pétrole de Californie convient parfaitement à cette opération, en raison de sa haute teneur en asphalte, et l'on y emploie les naphtes les plus riches en ce dernier produit. La National Good Roads Association, de Chino (comté de San-Bernardino) expose trois blocs-échantillons découpés dans des chaussées de route traitées par ce procédé, qui consiste simplement à arroser de pétrole brut (souvent légèrement chauffé) le sol préalablement nivelé; l'arrosage se fait au moyen de chariots-citernes de 6 pieds de largeur. Il est intéressant de citer ci-après les principales données relatives à ces échantillons.

N° 1. — Chaussée de sables lâches, recouverts d'une couche de gravier argileux. Le premier huilage fut fait dans l'été de 1899, la quantité de pétrole consommée fut de 40 barils par mille parcouru par le chariot-citerne, ce qui, en raison de la largeur de la route, correspondait à 1/2 gallon par yard carré ou 2 lit. 26 par mètre carré de chaussée. Un second huilage eut lieu en octobre de la même année 1899, et consomma seulement 1/4 de gallon par yard carré (1 lit. 13 par mètre carré). En 1900, nouvel arrosage avec 1/3 de gallon par yard carré; en 1901, 1/6 de gallon; en 1902, néant; en 1903, légère addition de pétrole. Chaque arrosage (sauf le premier) fut suivi d'un léger semis de sable. Le résultat obtenu ressemble à une bonne chaussée d'asphalte.

N° 2. — Chaussée excessivement poussiéreuse. Huilée pour la première fois en 1899, puis en 1900, n'a subi aucun nouvel arrosage depuis 1901; résultat : un sol ferme et élastique, mais manquant un peu de dureté.

COMPAGNIE EXPLOITANTE	WESTERN UNION OIL Cᵒ	UNION OIL Cᵒ of CALIFORNIA	LOS ANGELES PACIFIC RAILWAY Cᵒ	PARK CRUDE OIL Cᵒ	CENTRAL OIL Cᵒ of LOS ANGELES	SANTA-FÉ	BREA CANON OIL Cᵒ	SOUTHERN PACIFIC OIL Cᵒ
Comté	Santa Barbara	Ventura	Ventura	Los Angeles	Los Angeles	Orange	Orange	Kern
District	Western Union	Bardscale Canon	Timter Canon	Middle Field	Whittier	Fullerton	Fullerton	Mac Kittrick
Numéro ou nom du puits	N° 3	Robinson N° 2	Timber Canon N°3	N° 13	—	—	N° 12	N° 5
Formation	Sables et schistes	Sables rouges et blancs	Sables	Sables	Sables	Sables	Sables et schistes	Sables
Profondeur du puits (pieds)	1610	685	1180	1060	1856	2404	1515	500
Profondeur du toit des sables (pieds)	1538	525	860,1100	750	1636	—	950	300
Puissance des sables pétrolifères (pieds)	65	160	60	1 à 20	220	720	30 à 133	125
Production journalière (barils)	125	25	12	5	105	300	400	125
Production totale depuis l'origine (barils)	112,500	—	4500	5000	28312	206741	300000	365000
Durée de l'exploitation depuis l'origine	2 ans 1/2	11 ans	18 mois	3 ans	9 mois	Depuis le 4 Mars 1902	Depuis le 18 Janvier 1902	3 ans
Longueur de la pipe-line (milles)	40	30	7	néant	4,5	néant	—	0,750
Degrés Baumé	20	27,6	35,1	14,2	21,9	19	23	18,5
Poids spécifique à la température de 15° C.	0,9337	0,8881	0,8481	0,9706	0,9215	0,9399	0,9147	0,9425
Ignibilité (point d'éclair ou flashing point)	<15°	<15°	<15°	> 70°	17°	44°	< 15°	32°
VISCOSITÉ (mesurée au viscosimètre de REDWOOD) — à 15° C — Nombre de secondes nécessaires à l'écoulement de 50 cm³	1060	205	45,8	>1800°	325	1790	264	1100
VISCOSITÉ — à 15° C — Viscosité par rapport à l'eau	38,40	7,43	1.66	> 65	11,78	64,85	9,56	39,85
VISCOSITÉ — à 85° C — Nombre de secondes nécessaires à l'écoulement de 50 cm³	77.5	41.4	31,2	122	42	71	41,5	54
VISCOSITÉ — à 85° C — Viscosité par rapport à l'eau	2.81	1,51	1,13	4.42	1,52	2,57	1,50	1,96
Soufre pour cent	2.08	1,74	—	1,18	--	1,09	0,94	0,77
Pouvoir calorifique de l'échantillon préalablement desséché à 50° C.	10369	10484	—	10346	—	10441	10581	10402
Pouvoir calorifique rapporté au centim. cube	9,907	9,310	—	10.073	—	9,813	9,678	9.804
Fractions p' 100 passant à la distillation aux différentes températures — Eau	néant	néant	néant	1,6	néant	1,3	néant	néant
Jusqu'à 100° C.	9	8,9	15,3	0	0	0	4,2	0
100° — 150° C.	6	10,6	15	0	6,9	0	13.9	4.2
150° — 200° C.	10,5	8,7	9,5	0	8,8	11,2	8,9	8,9
200° — 250° C.	9,3	7,3	9.9	6,9	12	10,5	9,7	8,7
250° — 300° C.	11	15,5	9.9	19,4	11 9	15,5	18.3	20,2
De 300° jusqu'à l'asphalte — A	39.5	29	28	39,7	33,2	28,3	24.2	27 5
De 300° jusqu'à l'asphalte — B	—	—	—	4,5	6.2	9,9	5	7,5
Asphalte	22	16.9	10 6	25,3	20,6	23,1	13,3	22.5
Perte	0,8	3,1	1,8	2,6	0,4	0,2	2.5	0,5
Poids spécifique à 15° C. des fractions passées à la distillation — Jusqu'à 100° C.	—	0,7039	0,7002	—	—	—	0,7252	—
100° — 150° C.	0,7596	0,7611	0,7639	—	0,7760	—	0 7701	0,7760
150° — 200° C.	0,8087	0,8013	0.8015	...	0,8363	0,8113	0,8172	0,8235
200° — 250° C.	0 8538	0,8340	0.8321	0,8631	0,8557	0,8551	0,8597	0,8427
250° — 300° C.	0.8875	0,8631	0.8624	0 8931	0,8848	0,8850	0 8937	0 8976
De 300° jusqu'à l'asphalte — A	0.9167	0,8778	0.8875	0,9200	0,8996	0,8857	0,8955	0,8982
De 300° jusqu'à l'asphalte — B	—	—	—	0 9160	0.8796	0,9001	0,9062	0,898S

N° 3. — Chaussée sableuse, à profondes ornières, très poussiéreuse. Huilée pour la première fois en juillet et fin septembre 1902,
n'a subi depuis aucun arrosage nouveau. La première application de
pétrole a consommé un peu moins d'un gallon par yard carré
(4 lit. 53 par mètre carré), la seconde un peu moins de 3/4 de gallon par yard carré (3 lit. 40 par mètre carré); au total un peu
moins de 8 litres de pétrole par mètre superficiel de chaussée.

Fig. 11. — Blocs-échantillons découpés dans des chaussées arrosées de pétrole.

Chaque arrosage fut suivi, au bout de 6 semaines, du passage d'un
rouleau compresseur. Le résultat obtenu est excellent.

Les échantillons 1 et 3 peuvent être considérés, d'après l'exposant,
comme les exemples de consommation minimum et maximum.

Il convient enfin de consacrer une mention spéciale à l'industrie
du borax, la Californie étant le plus important centre d'extraction de
ce produit dans le monde, par ses gisements du comté d'Inyo, et surtout du comté de San-Bernardino. Ces derniers, qui s'étendent sur près
de 100 milles carrés, ont fourni à eux seuls, en 1902, 16,892 tonnes
sur une production totale de 17,202 tonnes pour tout l'État.
Le développement de cette industrie sera suffisamment caractérisé
en rappelant que la production californienne n'atteignait en chiffres
ronds que 1,500 tonnes, en 1877 et 2,000 tonnes, en 1882.

L'Exposition de Californie occupait une place matérielle importante, au block 71 du Palais des Mines. Parmi les produits exposés
dans le Groupe 116, et dont je viens de résumer ci-dessus l'extraction et la valeur industrielle, il convient de citer la collection minéralogique présentée par le BUREAU DES MINES DE CALIFORNIE, où l'on

remarquait surtout des minerais aurifères et de nombreux échantillons de pétrole cru ; l'Exposition de matériaux de construction et d'ornement, d'eaux minérales, réunie par les soins de l'État de Californie. L'industrie houillère était modestement représentée par quelques briquettes appartenant à la San Francisco and San Joaquin Coal Cᵒ ; sous ce rapport la Californie n'a aucune prétention.

Colorado. — La grande richesse de l'État du Colorado consiste en ses mines de plomb argentifère et aurifère qui, pour cette branche de l'industrie extractive, le placent au premier rang des États de l'Union. Malheureusement pour les visiteurs de l'Exposition, les mines se sont bornées à envoyer à Saint-Louis des collections minéralogiques évidemment fort riches, mais auxquelles manquent totalement les indications industrielles ou statistiques permettant d'apprécier le développement actuel des gisements reconnus et l'extraction réalisée dans chacun d'eux.

C'est ainsi que le Bureau des mines de Denver, l'École des mines de Golden, et la plupart des exploitants du célèbre district de Leadville réunissaient dans le block 71 de nombreux échantillons de minerais de plomb, d'argent et d'or, et de minéraux plus ou moins rares ou précieux, parmi lesquels la sylvanite notamment se rencontrait d'une manière particulièrement fréquente.

Quelques échantillons d'huile minérale exposés par l'United Oil Cᵒ, de Florence, représentaient modestement l'industrie du pétrole. Les gisements de la vallée de l'Arkansas pouvaient, il y a une quinzaine d'années, être classés au même rang que ceux de Californie, avec quelque 300,000 barils de production annuelle. Ils sont maintenant, comme j'ai eu l'occasion de le signaler, laissés loin en arrière par le développement des centres d'extraction californiens.

Par contre, et bien que l'industrie houillère ne soit pas très développée dans le Colorado, les exposants de charbons ne manquaient pas. La Denver and Northwestern fuel and iron Cᵒ, de Denver, exposait un bel échantillon de charbon gras (carbone fixe 57 5 %, matières volatiles 36 %), provenant d'une couche de 14 pieds du comté de Routt. La Routt County Coal Cᵒ présentait des charbons de même provenance. La Rocky mountain fuel and iron Cᵒ, de Denver, exposait des houilles à longue flamme (44 9 % de carbone, 40 % de gaz), quelques échantillons de charbons anthraciteux (83 % de carbone, 7 8 % de gaz), et de nombreux spécimens de cokes dont voici à titre d'exemple deux analyses permettant d'apprécier les variations de qualité :

CARBONE FIXE	GAZ	EAU	SOUFRE	PHOSPHORE	CENDRES
80 90	0 80	1 »	0 47	0 0021	17 30
89 50	0 70	0 80	0 453	0 036	9 »

Georgie. — L'Exposition de Georgie (block 83) comprenait surtout des matériaux de construction. Parmi ceux-ci, il faut réserver une mention spéciale aux marbres, représentés par des échantillons provenant des belles carrières de la GEORGIA MARBLE Cⁱ, de Tate, de la BLUE RIDGE MARBLE Cⁱ, de Nelson, etc… L'ÉTAT GEORGIEN exposait une collection minéralogique intéressante, comprenant, outre les matériaux de carrières déjà cités, des minerais de fer, de plomb et cuivre, de manganèse (district de Cartesville), et des pépites d'or natif provenant de filons de quartz. Le MUSÉE D'ATLANTA présentait également une collection analogue.

Idaho. — L'État d'Idaho ne renferme guère comme mines que des exploitations de galène plus ou moins argentifère et aurifère. Ces mines ont exposé dans le block 83 un certain nombre d'échantillons de minerais, mais sans donner d'indications sur la consistance de leurs gisements et l'importance de l'extraction.

Illinois. — Les houillères de l'Illinois ont présenté une Exposition fort intéressante, et ont fait un effort pour faire valoir leurs produits. Ici encore l'esprit américain s'est manifesté dans sa conception de la réclame, consistant à étonner les visiteurs par l'énormité matérielle des produits exposés. C'est ainsi que la MADISON COAL Cⁱ (dont le siège est à Saint-Louis) a imaginé d'exposer, comme spécimen de ses charbons, un bloc massif de 15 tonnes découpé dans une veine de 7 pieds de puissance, extrait de 335 pieds de profondeur et transporté entier à l'Exposition : il est hors de doute que ce bel « échantillon » — quelle qu'en soit la teneur en soufre et en cendres — a donné à beaucoup de visiteurs une haute idée de la compagnie exposante et de ses produits.

A un point de vue plus sérieux, les houillères représentées à Saint-Louis ont donné des indications intéressantes sur la qualité de leurs combustibles et leur composition. Ce sont d'une manière générale des charbons gras (*bituminous coals*), malheureusement trop impurs et sulfureux.

Le tableau suivant indique les données relatives à quelques-uns des principaux échantillons exposés :

COMPAGNIE exploitante	DISTRICT	PUISSANCE de la veine	ANALYSE				
			Eau hygrométrique	Cendres	Matières volatiles	Carbone fixe	Soufre
		mètres					
Breese Coal and Mining Cº	Breese (comté de Clinton).	3 34	5 25	9 77	30 39	54 39	»
Chicago Virden Coal Cᶜ	Virden (comté de Macoupin).	2 52	»	»	»	»	»
Big Muddy Coal and Iron Cº	Cartersville (comté de Williamson).	2 62	3 95	7 50	32 70	54 35	1 50
Id.	Morphysboro (comté de Jackson).	1 83	5 02	4 04	32 76	57 24	0 95

Ce sont là, bien entendu, des charbons soigneusement choisis pour leur qualité, concordant avec une excellente épaisseur de la veine. Mais on se ferait une idée fausse des houilles de l'Illinois en les jugeant d'après ces types d'exposition, comme permettent de s'en rendre compte les quelques chiffres suivants, publiés par le *Bulletin* de l'Université d'Illinois :

EXPLOITANT	COMTÉ	LOCALITÉ	Numéro de la veine	GROSSEUR des échantillons	ANALYSE					
					Cendres	Eau hygrométrique	Matières volatiles	Carbone fixe	Soufre (2)	POUVOIR calorifique (calories grammes)
Assumption Coal and Mining C°.	Christian	Assumption	1	Noix	5 08	8 46	38 30	48 16	1 58	6,986
Id.	Id.	Id.	1	Gailletterie	12 86	6 66	36 34	44 14	4 56	6,641
Coal Valley Mining C°.	Mercer	Sherrard	1	Menu (1)	18 39	7 84	36 72	37 05	4 78	5,634
Braceville Coal C°.	Grundy	Braceville	2	Gailletterie	4 02	11 86	37 32	46 80	2 18	6,756
Mac Lean County Coal C°.	Mac Lean	Bloomington	2	Id.	11 78	7 56	40 06	40 60	3 14	6,512
Braceville Coal C°.	Grundy	Braceville	2	Menu	31 18	9 70	26 88	32 24	3 55	4,803
Mac Lean County Coal C°.	Mac Lean	Bloomington	3	Gailletterie	5 12	6 98	44 06	43 84	2 48	7,106
La Salle County Carbon Coal C°.	La Salle	La Salle	3	Pois	8 08	7 56	41 78	42 58	3 92	6,700
Auburn and Alton Coal C°.	Sangamon	Auburn	3	Menu	16 37	9 38	34 50	39 75	3 50	5,841
Wabash Coal C°.	Menard	Athens	5	Gailletterie	9 04	9 32	39 32	42 32	4 44	6,391
Greenview Coal and Mining C°.	Menard	Greenview	5	Menu	14 26	9 58	36 28	39 88	3 04	5,959
Scripps Coal C°.	Fulton	Astoria	5	Menu	19 96	9 34	34 46	36 24	3 50	5,684
Breese Coal and Mining C°.	Clinton	Breese	6	Noix	8 97	8 83	35 24	46 96	3 17	6,398
Henrietta Coal C°.	Madison	Edwardsville	6	Noix	14 40	7 76	36 93	40 91	4 74	6,112
Pittinger and Davis Mining and Manufacturing C°.	Marion	Centralia	6	Menu	18 36	6 75	34 13	40 76	4 36	6,019
Carterville and Big Muddy Coal C°.	Williamson	Carterville	7	Gailletterie	6 10	6 32	32 58	54 99	1 00	7,059
Western Coal and Mining C°.	Williamson	Bush	7	Menu	12 24	4 92	35 64	47 20	1 15	6,591
Economy Coal Mining C°.	Vermilion	Danville	7	Menu	19 47	8 00	34 83	37 70	3 40	5,891

(1) On a compris sous ce qualificatif tous les criblés inférieurs à 32 millimètres.

(2) Les chiffres de cette colonne ne doivent pas être totalisés avec ceux des colonnes précédentes dont la somme est déjà égale à 100. Le soufre dont le pourcentage est indiqué est contenu partie dans les matières volatiles sous forme de gaz sulfurés, partie dans les résidus combustibles solides, indiqués en abrégé comme carbone fixe.

En dehors de ses houillères, qui constituent la partie la plus importante de ses richesses, l'Illinois renferme de nombreuses mines de plomb et zinc exploitées par la FAIRVIEW MINING C°, de Rosiclair, la MATHIESON AND HEGELER ZINC C°, de La Salle, etc., qui ont envoyé à Saint-Louis des échantillons de leurs produits, mais sans les accompagner de renseignements techniques intéressants.

L'industrie des carrières est particulièrement florissante dans cet État. L'UNITED STATES GYPSUM C°, dont j'ai déjà parlé dans la description de l'Exposition collective des États-Unis, y possède quelques-unes de ses plus importantes carrières. Il en est de même de la NORTHWESTERN TERRA COTTA C°, également déjà mentionnée pour ses argiles à poteries et ses produits manufacturés. Parmi les autres substances exposées, je citerai les beaux spécimens de spath fluor présentés par la FAIRVIEW FLUOSPAR C°, de Rosiclair ; des ocres pour la fabrication des couleurs ; des calcaires, des grès, des dolomies employés pour la construction ; des calcaires oolithiques pour l'ornementation ; des échantillons de silice amorphe exposés par GRIEB JOHN, de Jonesboro, etc.

Le tableau suivant permet de se rendre compte de l'importance de la production des carrières dans l'Illinois et de son développement progressif :

SUBSTANCES	VALEUR EN DOLLARS DE LA PRODUCTION PENDANT L'ANNÉE	
—	1901	1902
Briques	$ 5,133,619 (798,925,000 briqu^{es})	$ 6,422,812 (1,135,740,000 briqu^{es})
Tuiles	1,311,300	1,668,996
Terre cuite	622,407	1,000,765
Poterie	641,473	789,367
Pierres pour la construction	»	640,443
Pierres pour l'empierrement des routes	»	588,796
Pierres pour le ballastage	»	399,537
Pierres pour la fabrication du béton	»	232,429
Pierres pour usages divers	»	1,361,303
TOTAL	»	$ 13,104,448

On voit que cette production s'est élevée. en 1902, (dernière année pour laquelle la statistique officielle soit complète), à environ 68 millions de francs.

Indiana. — L'État d'Indiana ne figurait à l'Exposition que par ses carrières. Ces exploitations, dont les principaux centres sont Bedford et Bloomington, fournissent en grandes quantités du calcaire oolithique à grain fin, très employé pour la construction et la sculpture architecturale. La Bedford Quarries Cⁱᵉ exposait ainsi une table monolithe de 2 mètres de largeur sur 5 de longueur ; d'autres Compagnies présentaient de nombreux échantillons de qualités variées, mais sans donner de renseignements intéressants sur leur extraction et leur prix de revient.

Territoire Indien. — L'industrie minérale est encore naissante dans cette région. Elle s'est manifestée à Saint-Louis par l'Exposition de nombreux échantillons de charbon. provenant en particulier du district de la Choctaw-Nation ; de pétroles, de la Creek-Nation, et de la Cherokee-Nation ; d'asphaltes de la Chickasaw-Nation, etc...

Iowa. — La principale richesse de l'État d'Iowa consiste dans sa formation houillère. Celle-ci s'étend sur un peu plus du tiers du territoire, entre la frontière de l'État de Missouri au sud, la rivière du même nom à l'ouest, Council-Bluffs et Fort-Dodge au nord, Fort-Dodge et Keokuk au sud-est. avec une superficie totale d'environ 50,000 kilomètres carrés. La vallée de la rivière des Moines en marque le district le plus riche. La profondeur des couches exploitées est très faible : en général une centaine de pieds (30 mètres), plus rarement 200 à 250 pieds (50 à 75 mètres), exceptionnellement 300 pieds (100 mètres). On n'exploite que rarement les veines de moins de 3 pieds de puissance (0ᵐ90), bien qu'on soit parfois descendu à cet égard à 1 pied 1/2 (0ᵐ45) ou même 1 pied (0ᵐ30) dans des circonstances particulièrement favorables à l'extraction du charbon.

La production totale. en 1902, a été de 5,904.766 tonnes de houille, représentant, d'après les statistiques. une valeur de 8,058,779 dollars, ou environ 42 millions de francs, soit une moyenne de 7 francs par tonne.

Le nombre des mines en activité est d'à peu près 300. mais il s'en crée constamment de nouvelles. notamment dans la région sud-ouest du bassin.

Le charbon exploité est de la houille grasse (*bituminous coal*). Le tableau suivant rend compte de quelques analyses, dues à M. Weakley :

ORIGINE DE L'ÉCHANTILLON	MATIÈRES COMBUSTIBLES			Cendres	Soufre
	Volatiles	Fixes	Totaux		
Whitebreast Fuel Co., Pekay, Iowa.	46 06	46 89	92 95	7 05	2 81
Eldon Coal Co., Laddsdale . .	42 72	47 78	90 50	9 50	4 96
Mine No. 2, Hocking, Iowa. .	45 18	45 34	90 52	9 48	3 98
Mine No. 3, Hocking, Iowa. .	40 02	44 86	84 88	15 12	7 41
Des Moines Coal Co., Marquisville.	45 62	50 29	95 91	4 09	2 74
Lumsden Coal Co., Bloomfield.	39 06	53 46	92 52	7 48	2 38
Whitebreast Fuel Co., Hilton.	40 61	48 21	88 82	11 18	3 26
Block Coal Co., Centerville . .	37 79	54 85	92 64	7 36	3 29
Consolidation Coal Co., No. 10.	37 09	50 83	87 92	12 08	2 27
Consolidation Coal Co.. No. 11.	48 69	45 02	93 71	6 29	3 58
Crowe Coal Co., Boone	41 46	50 33	91 79	8 21	4 16
Corey Coal Co., Lehigh	37 98	47 98	85 96	14 04	5 90
D. Lodwick, Mystic, Iowa. . .	39 07	54 91	93 98	6 02	3 15
L. L. Lodwick, Williard . . .	36 94	54 20	91 14	8 86	2 86
Platt Coal Co., Van Meter. . .	40 54	51 04	91 58	8 42	3 68
Jasper County Coal Co., Colfax.	42 24	50 27	92 51	7 49	3 08
Moyennes.	41 49	49 62	91 11	8 89	3 72

Quant au pouvoir calorifique, un grand nombre d'essais effectués par MM. Austin et Peshak ont donné des chiffres variant de 4,400 à 7,100 calories, avec une moyenne sensiblement égale à 6,600.

L'Iowa contient en outre de nombreuses carrières ; les principaux produits, relevés dans la dernière statistique complète (1902), sont les suivants :

SUBSTANCE EXPLOITÉE	VALEUR EN DOLLARS
Argile	2,843,591
Pierres à bâtir.	673,361
Gypse (1).	387,735
Total	3,904,687

Les mines métalliques sont peu importantes ; on peut citer principalement l'extraction du plomb, qui s'est chiffrée en 1902 par une valeur de 11,198 dollars.

(1) Produit en grande partie par les carrières de l'*United States Gypsum C°*.

Kansas. — L'industrie houillère dans cet État était surtout représentée par la Mount Carmel Coal Cº, de Topeka, qui exposait une pyramide de charbon assez médiocre, très pyriteux.

Il existe sur le territoire de nombreux gisements de pétroles, à Chanute, Indépendance, Bolton, Cherryvale, Humboldt, Erié, Coffeyville, Thayers, Buffalo, Le Roy, Longton, Toronto, Perce, Neodesha, Altoona.

Les mines métalliques donnent surtout du plomb et du zinc. La production du minerai de ce dernier métal atteint annuellement une trentaine de mille tonnes. Les principaux exposants étaient la Braun Smelting Cº, de La Harpe, la Granby Mining and Smelting Cº, de Neodasha, pour le zinc, la Galena Lead Smelting Cº, pour le plomb.

Les carrières fournissent surtout de la pierre à bâtir, provenant de Topeka, Atchison, Neodesha, Ottawa, etc..., de l'argile à briques, manufacturée à Coffeyville, Columbus, etc.

Des échantillons des principales richesses minérales énumérées ci-dessus étaient exposés en collectivité par l'État de Kansas, dans le block 51.

Kentucky. — L'Exposition de cet État occupait une place importante dans le block 63.

Le Kentucky est un assez gros producteur de combustibles minéraux. Les houillères étaient représentées à Saint-Louis par de beaux échantillons de charbon gras (*Cannel coal*) exposés par W. D. Archibald, de West-Liberty, la Big Sandy Cº, de Pikeville, H. N. Fisher, de Webbville, la Kentucky Cannel Cº, de Cannel City, la Kentucky Block Cannel Coal Cº, de Cannel City, la Louisville Property Cº, de Halsey, la Smith Mills Coal and Mining Cº, de Henderson, le Tradewater Coal Cº, de Sturgis, etc... L'État de Kentucky en présentait aussi une Exposition collective.

Il y existe également d'importants gisements de pétrole, principalement dans le district du Cumberland. Cette industrie avait installé une Exposition collective présentée par l'État de Kentucky, avec les produits de la Caney Creek Oil Cº, de Livington, de la Licking Valley oil and gas Cº, de Lexington, de la Standard pipe line, de Somerset, etc...

A ces gisements sont liés ceux d'asphaltes, dont l'utilisation grandit sans cesse aux États-Unis : je citerai notamment les échantillons d'asphaltes et de bitumes solides et liquides de l'American Standard Asphalt Cº, de Louisville, de M. H. Crump, de Bowling Green, etc...

Cette nomenclature doit être complétée par la mention de l'industrie des briques et poteries, très importante dans l'État, et représentée principalement par l'Owensboro Sewer pipe Cᵒ, d'Owensboro, qui exposait une collection complète de tuiles, conduites, tuyaux de cheminées, etc...; la Louisville fire bricks works, de Louisville, déjà citée dans l'Exposition collective des États-Unis, etc... L'État du Kentucky présentait d'ailleurs une réunion complète de kaolins et d'argiles, de poteries, terres cuites et produits céramiques.

Enfin l'extraction des carrières diverses était également résumée dans une Exposition d'État collective, comprenant des spécimens de pierres à bâtir, marbres, onyx, sables, pierres lithographiques, spath fluor, etc., etc....

Louisiane. — L'Exposition de Louisiane était réunie dans le block 51.

La Louisiane produit principalement du sel, du pétrole et du soufre.

La première de ces industries est de beaucoup la plus ancienne. De nombreuses sources salées étaient exploitées par la population indienne il y a plus d'un siècle, et on retrouve encore à Rayburn's Salt Works, près Bienville, King's Salt Works, sur le Cotton Bayou, Price's Salt Works, Bistineau Salt Works, sur le lac Bistineau, des traces de ces anciennes exploitations. Aujourd'hui, les plus importants gisements de sel sont concentrés sur les îles de la côte. A l'île Petite Anse (Avery), on extrait actuellement plus de 5,000 tonnes de sel; à l'île Côte Caroline (Jefferson) on a découvert, en 1895, un gisement important, encore inexploité ; à Belle Isle, le sel a été trouvé en décembre 1896, et une compagnie s'organise pour foncer des puits d'exploitation ; à l'île Grand'Côte (Weck), les puits de la Société Myles and Cᵒ, fournissent journellement plusieurs centaines de tonnes de sel. Enfin, dans la Prairie, des sondages destinés à rechercher le pétrole ont rencontré de grands dépôts de sel à partir de 200 pieds de profondeur ; mais leur exploitation doit attendre le développement du réseau du chemin de fer qui s'étend peu à peu sur l'intérieur. D'une manière générale, le sel est presque partout géologiquement associé au pétrole.

Ce dernier combustible est connu en Louisiane depuis près de 40 ans ; mais l'attention publique n'a réellement été appelée sur son existence qu'à la suite de la découverte récente des pétroles du Texas, et de l'incroyable développement de leur extraction dans ce dernier État. Les principaux gisements de naphte sont les suivants : à Calcasieu, près de Welsh, une formation sableuse, à quelque mille pieds de profondeur, fournit environ 400 barils par jour, expédiés par le Southern Pacific Rd ; le gite reconnu s'étend sur une centaine d'acres. A Jennings, dans la prairie de Mamou, 35 à 40 puits, de 1,700 à 1,875 pieds de profondeur, exploités par la BIENVILLE OIL Cᵒ, la CROWLEY PETROLEUM Cᵒ, la HEYWOOD BROTHERS OIL Cᵒ, la LAKE OIL Cᵒ, la MORSE OIL Cᵒ, etc..., fournissent un mélange de pétrole et d'eau salée, d'où on sépare, suivant les forages, de 50 à 1,200 barils d'huile par jour ; cette huile est expédiée au Southern Pacific Rd par trois pipe-lines de deux, quatre et huit pouces de diamètre, pour une redevance de 30 cents (1 fr. 50) par baril. La valeur de l'acre dans ce district atteignait récemment 1,200 dollars ; on cite un puits qui a jailli pendant 49 jours en donnant 70,000 barils de pétrole, et qui aujourd'hui encore en fournit un millier par pompage. Citons encore les districts d'Anse La Butte et de Sulphur, où le naphte a été reconnu, mais n'est pas encore exploité.

Le pétrole de Louisiane est riche en matières asphaltiques, et donne surtout de l'huile à machines. On estime sa production totale à 20,000 barils par jour (naphte cru).

Le soufre se présente, en amas considérable, à Sulphur City, paroisse de Calcasieu. Sa production quotidienne atteint actuellement 500 tonnes, et on compte la doubler et même la tripler d'ici à quelques années. L'UNION SULPHUR Cᵒ prétend avoir reconnu par ses sondages un amas de plus de 40 millions de tonnes de ce minéral. Le procédé d'extraction mérite d'être cité pour son originalité. Un sondage atteint l'amas de soufre, qu'il rencontre à quelque 600 pieds de profondeur. On descend dans le trou de sonde deux colonnes concentriques de tubes qui pénètrent dans la masse. Dans l'intervalle de ces deux conduites on injecte de l'eau, surchauffée préalablement sous pression à une température notablement supérieure au point de fusion (113°) du métalloïde. Malgré le refroidissement subi pendant la descente, le liquide brûlant atteint le gîte de soufre à une température encore suffisante pour en produire la fusion autour du pied du sondage. Le soufre liquéfié, à cause de sa densité, forme un bain nettement séparé de l'eau qui surnage. Il est refoulé jusqu'à la surface à travers le tube central, où il se maintient nettement liquide sous l'action de l'eau chaude qui remplit l'espace annulaire entre les deux tubes; arrivé à la surface, il est conduit à des réservoirs où il se solidifie. Ces réservoirs couvrent plusieurs acres, et le soufre y forme des gâteaux, de 5 à 8 pieds d'épaisseur, que l'on brise et que l'on expédie ; le produit obtenu est remarquablement pur, et tient 99,93 % de soufre.

La Louisiane renferme encore d'importants gisements de lignite, dans les Dolet Hills. Les couches de ce combustible s'étendent sur plus de 40,000 acres (16,000 hectares) entre les deux principales lignes de chemins de fer qui traversent l'État du nord au sud ; leur puissance totale varie de 6 à 8 pieds. Des recherches géologiques conduisent à admettre que la formation s'étend sur le nord-ouest de la Louisiane jusqu'à Sabine, Mansfield, etc. Des analyses récentes ont fourni les résultats suivants :

Eau hygrométrique	32 %
Matières volatiles	34 »
Carbone fixe	31 »
Cendres	3 »
	100

Le pouvoir calorifique, après dessiccation amenant la teneur en eau à 15 2 %, atteint 9,883 unités thermales britanniques, soit 5,490 calories. L'État de Louisiane en exposait quelques échantillons.

Je citerai pour terminer cette description de l'Exposition de Louisiane, la production des carrières de marbre, grès, argile à briques, etc..., présentée en collectivité par l'État, la paroisse de Saint-Landry, celle de Saint-Tammany, etc..., et quelques spécimens de minerais de fer tertiaires, à 50 % de teneur, sans utilisation industrielle, exposés par la paroisse de Lincoln.

Maryland. — La production minérale de cet État est fort peu importante. Les mines n'y étaient représentées que par quelques échantillons de charbon, de minerais de fer et de cuivre ; on y a reconnu du minerai de cobalt à Mineral Hill. L'industrie des carrières est plus développée, et de nombreuses sociétés exposaient des échantillons de ciments, briques, poteries, argiles réfractaires, etc... Une collection minéralogique assez complète était présentée par la Maryland Geological survey. Toute cette Exposition était réunie dans le block 70 A.

Michigan. — Le Michigan exposait dans le block 34.

Sa richesse minière capitale provient des célèbres gisements de cuivre du Lac Supérieur. Aussi l'industrie des mines cuprifères tenait-elle la plus grande place dans son Exposition.

Le District du Lac Supérieur exposait d'abord une collection minéralogique complète de cuivre natif et des minerais (roches amygdaloïdes et conglomérats) de ce métal. La mine de Calumet and Hécla, de Calumet, fameuse à la fois par l'importance de sa production (20,000 à 30,000 tonnes de cuivre par an), et par la profondeur extraordinaire (plus de 1,800 mètres) atteinte par ses travaux d'exploitation souterraine, profondeur qu'on peut considérer comme un « record » dans l'art des mines, était également représentée par de beaux échantillons de minerais et de métal. Il en était de même de la Tamarack Mining Cᵒ, de Calumet, de la Quincy Mining Cᵒ, de Hancock, de l'Osceola Mining Cᵒ, de Calumet, de la Michigan Mine, de Rockland, etc... Il est seulement regrettable qu'aucune de ces puissantes Sociétés minières n'ait cru devoir donner au public de renseignements précis sur son extraction, ses produits, les conditions de son exploitation, etc..., etc.

Après le cuivre, le fer trouve naturellement ici sa mention. L'extraction de ce métal était principalement représentée par les mines de la Gogebic Range, qui exposaient, outre un modèle classé dans le Groupe 117, des spécimens d'hématites, de pseudomorphites, etc... A citer aussi la Cleveland Cliffs Iron Cᵒ, d'Ishpeming, déjà mentionnée dans l'Exposition collective des États-Unis.

L'industrie de la houille était représentée par le district de Saginaw, qui exposait une benne de charbon gras avec l'analyse suivante :

Carbone fixe	50 73
Matières volatiles	37 895
Eau hygrométrique	7 60
Soufre	0 99
Cendres	3 77

Le pouvoir calorifique de ce combustible serait de 12,521 unités britanniques, soit 6,956 calories.

Citons encore l'Exposition de gypse et plâtre, avec quelques échantillons de craie et de marbre, de la Grand Rapids Plaster Cᵒ, du Grand Rapids; les intéressantes collections minéralogiques présentées par le Michigan College of Mines, de Houghton, la Commission de l'État du Michigan, et des particuliers comme M. George Davy, de Franklin, qui ont réuni des spécimens des principales productions minérales de l'État.

Minnesota. — Le Minnesota est surtout un État agricole, de sorte que sa participation à l'Exposition minière était des plus modestes. Elle se résumait à quelques échantillons de minerais de fer provenant des collines du Mesabe et de Vermillion, et présentés par l'État en collectivité, ainsi que par plusieurs Compagnies de Duluth. A signaler aussi quelques briquettes de lignites, d'anthracites et de charbons gras présentées par la NATIONAL COMPRESSED COAL Cᵒ, ainsi que des échantillons de granit expédiés par plusieurs carrières. Toute cette petite collection était réunie dans le block 31.

Mississipi. — La production minérale exposée était à peu près nulle, et se réduisait à quelques spécimens de matériaux de construction présentés en collectivité par l'État : marbres, pierres à bâtir, sables, argiles, etc., qui ont pris place dans le block 83.

Missouri. — Cet État, comme les précédents, est plus agricole qu'industriel. Il renferme néanmoins plusieurs mines métalliques assez importantes. D'autre part, le choix de Saint-Louis, sa capitale, pour l'Exposition Universelle, l'obligeait, en quelque sorte, à donner plus de développement à toutes les branches industrielles de son Exposition particulière. On s'explique ainsi que le Missouri ait tenu à occuper dans le Palais des Mines une place plus importante qu'on n'aurait pu s'y attendre dans des circonstances ordinaires ; en fait, son exhibition s'étendait sur les blocks 50 et 60 et a coûté, dit-on, 75,000 dollars (près de 300,000 francs).

La plus grande partie de cette dépense s'est appliquée vraisemblablement à l'établissement du modèle de chemin de fer minier mentionné au Groupe 115, d'une vaste collection de photographies minières qui se rapportent au Groupe 117, et d'une installation de préparation mécanique de minerais métalliques qui se classe au Groupe 118 et ne rentre pas dans le cadre de cette description. Le Groupe 116 n'était représenté que par une collection minéralogique, d'ailleurs très complète, des richesses de l'État, exposées par lui en collectivité. On y voit notamment des minerais de zinc et plomb du district de Joplin, dont la production est résumée ci-après pour les cinq dernières années :

	PRODUCTION EN TONNES		
ANNÉES	de minerai de zinc	de minerai de plomb	VAL. TOTALE DE LA PRODUCT. des deux minerais, en dollars
1900.	248,447 T	29,132 T	$ 7,992,105
1901.	258,306	35,177	7,971,651
1902.	262,545	31,625	9,430,890
1903.	234,873	28,656	9,471,395
7 prem. mois de 1904. .	154,000	19,000	6,150,000

Il faut citer ensuite les minerais de fer oligiste du district d'Iron Mountain ; ceux de nickel et de cobalt du district de la Motte ; des minerais de manganèse ; des échantillons de baryte, de kaolin, d'argile, d'onyx, de pierre lithographique, etc..., provenant des carrières de la région : enfin quelques spécimens de charbon et de pétrole, sans indication, d'ailleurs, sur leur exploitation et leur production.

L'ÉCOLE DES MINES DU MISSOURI, de Rolla, exposait également quelques échantillons et des exemples de travaux de laboratoire faits par ses élèves.

L'industrie des briques et de la poterie a présenté dans la collectivité américaine d'importantes Expositions qui ont été déjà mentionnées précédemment.

Montana. — Le Montana compte aujourd'hui parmi les États les plus riches de l'Union au point de vue de la production métallifère. Le centre de l'exploitation minérale est la ville de Butte-City, autour de laquelle s'étend un des plus importants districts cuprifères du monde, sa production annuelle dépassant cent millions de francs.

Malheureusement, les grandes mines du Montana se sont bornées à envoyer à Saint-Louis des échantillons de minerais sans les accompagner de renseignements, qui eussent présenté un grand intérêt, sur leur mode actuel d'exploitation et le chiffre de leur production. On voyait ainsi figurer sous des vitrines des spécimens variés de minerais de cuivre, d'argent et d'or provenant des mines réputées de l'ALICE MANUFACTURING Co, de Walkerville, de l'AMALGAMATED COPPER Co, de Butte-City, de l'ANACONDA COPPER MANUFACTURING Co, d'Anaconda, de la BOSTON AND MONTANA Co, de Butte, de la COLORADO MINING AND SMELTERY Co, de Butte, de la GRANITE BIMETALLIC MINING Co, de Philippsburg, de la LEXINGTON MANUFACTURING Co, de Walkerville, de la PARROTT SILVER AND COPPER MANUFACTURING Co, de Butte, etc... Il faut y ajouter les collections minéralogiques assez complètes présentées en collectivité par la COMMISSION DE L'EXPOSITION DE MONTANA, qui exposait de beaux échantillons de minerais d'or, argent, cuivre et bismuth ; par l'ÉCOLE DES MINES DU MONTANA ; enfin, par l'ÉTAT DU MONTANA lui-même, qui, à côté des échantillons de minerais métalliques, présentait des spécimens de la production des carrières d'argile réfractaire, de pierre à bâtir, etc.

Cette Exposition était réunie dans le block 61.

Nebraska. — Le Nebraska exposait dans le block 51, voisin du précédent, quelques spécimens, d'un intérêt assez secondaire, de la production de ses carrières d'argile à briques et à tuiles, de pierre à bâtir (calcaires et grès), de ciments, etc...; ces échantillons étaient présentés en collectivité par l'État lui-même, et par la NEBRASKA GEOLOGICAL SURVEY, de Lincoln.

Nevada. — Le Nevada, qui exposait dans le block 81, est célèbre dans l'histoire des mines par ses gisements argentifères du Comstock, dont la découverte remonte à une quarantaine d'années, et qui ont joué un rôle considérable dans la production du métal blanc aux États-Unis, et sa lutte économique contre l'or dans la question du bimétallisme. Plus récemment, le développement des mines du Montana et le triomphe de l'étalon d'or, ont réduit considérablement son ancienne prospérité.

Comme les mines du Montana, d'ailleurs, celles du Nevada se sont bornées à l'envoi d'échantillons minéralogiques figurant au Groupe 116, et à quelques documents d'illustration classés au Groupe 117. Les spécimens étaient exposés en collectivités par le COMTÉ DE WASHOE, qui contient le filon du Comstock, et présentait de nombreux minerais d'argent, d'or, de cuivre et de plomb ; le COMTÉ D'EUREKA, connu par les gisements plombifères de ce nom ; le COMTÉ D'HUMBOLDT, etc. Il faut mentionner, en outre, les produits de carrières, pierres à bâtir, marbres, gypse, mica, argile, borax, etc..., exposés en collectivité par l'ÉTAT DU NEVADA, les échantillons de soufre de la NEVADA SULPHUR Cᵒ, de Humboldt-House, enfin ceux de sel gemme de la NEVADA SALT AND BORAX Cᵒ.

New-Jersey. — Le New-Jersey présentait dans le block 21 une Exposition plus importante par son développement matériel que ne semblait le justifier *a priori* son importance minière. A côté de produits de carrières assez variés, on remarquait les exhibitions collectives de l'ÉTAT DE NEW-JERSEY et de la NEW-JERSEY GEOLOGICAL SURVEY, de Trenton, qui présentaient de nombreux échantillons de minerais de zinc et de fer, fowlerite, zincite, rhodonite, willemite, franklinite en beaux cristaux de 5 à 8 centimètres, des spécimens de roches anciennes, cambriennes et précambriennes, gneiss, pegmatites, diabases, grès, etc..., des fossiles intéressants par leur belle conservation, depuis les trilobites et spirifers jusqu'aux térébratules de l'éocène, des impressions fossiles de gouttes de pluie, de pattes de dinosaures, etc.

New-Mexico. — Cet État est, comme le précédent, d'importance secondaire au point de vue minier. Il avait réuni dans le block 61 des collections minéralogiques présentées en collectivité par l'ÉTAT lui-même et l'École des Mines du New-Mexico, de Socorro, comprenant d'assez nombreux échantillons de minerais d'or, d'argent, de cuivre, de zinc, de fer, d'étain, des produits de carrières, pierres à bâtir, mica, asbeste, onyx, etc... Les mines métalliques sont encore dans la période de développement, et n'exposaient que quelques spécimens de minerais, sans donner de renseignements sur leur production. Enfin, l'industrie houillère était modestement représentée par un gros bloc de charbon exposé par la New-Mexico Fuel and Iron Cᵒ, de Santa-Fé.

New-York. — L'État de New-York exposait dans le block 21, à côté du New-Jersey. Sa production minière n'est pas considérable, mais en revanche, elle est des plus variées.

Les combustibles minéraux y sont représentés par le pétrole et le gaz naturel, dont les gisements, continuation extrême de ceux de la Pensylvanie, s'étendent sur les comtés de Cattarangus et d'Alleghany. Les couches pétrolifères se présentent sous la forme de bancs de grès de direction nord-est-sud-ouest plongeant vers le sud-ouest avec un pendage de 3 à 25 pieds par mille. Le naphte produit possède une densité de 38 à 45 degrés Baumé, à la température de 10° centigrades. Le nombre des puits forés jusqu'à ce jour atteint environ 8,000, dont 6,000 sont en exploitation. Le gaz naturel n'a pu faire l'objet d'aucune utilisation industriellement avantageuse.

Les mines métalliques les plus importantes sont celles de fer, parmi lesquelles il faut citer : les magnétites des Highlands de l'Hudson ; les minerais de fer magnétiques titanifères (contenant fréquemment jusqu'à 10 % de titane) des Monts Aridondacks, et de la vallée du Lac Champlain ; les hématites des comtés de Jefferson et de Saint-Laurent ; les limonites des comtés de Dutchess et Columbia, de Staten-Island ; les minerais carbonatés (sidérites) de la vallée de l'Hudson.

Il faut mentionner aussi quelques gisements de galène et de blende dont le seul exploité actuellement se trouve à Ellenville, dans le comté d'Ulster ; enfin les pyrites du comté de Saint-Laurent.

Des échantillons de tous ces minerais étaient exposés en collectivité par l'Engineer's Office de l'État de New-York, à Albany, le Musée de l'État de New-York, à Albany, qui les faisaient accompagner de nombreux produits de carrières, pierres à bâtir, argiles à poterie, ciment, gypse, talc, etc., de spécimens de graphite et d'émeri. La New-York State School of Clay Working and Ceramics (École Nationale de Céramique) exposait aussi d'intéressants échantillons de poteries variées.

North Carolina. — La Caroline du Nord exposait dans le block 50 A un certain nombre de collections minéralogiques de ses produits miniers présentés en collectivité par l'État lui-même, la Geological Survey, de Chapell-Hill, le Musée National, de Raleigh. A citer notamment les échantillons de zircone et autres terres rares exposées par la Société des Lampes Nernst, de Pittsburgh, déjà mentionnée dans le groupement collectif des États-Unis.

North Dakota. — Cet État n'a envoyé à Saint-Louis que quelques échantillons de charbons provenant des comtés de Stark, Ward et Williams, et des produits de carrières : en première ligne, l'argile à poterie avec de nombreux spécimens des produits obtenus, puis du ciment, du gypse, de la pierre à bâtir, etc... Exposition modeste, réunie dans le block 51.

Ohio. — L'Ohio n'a pas fait une Exposition digne de son importance minière. L'industrie houillère n'est guère représentée que par quelques échantillons de charbon provenant de la « Thick Vein », de Corning, dont l'épaisseur atteint une douzaine de pieds : mais on n'en donne pas l'analyse.

Le Musée géologique de l'Université nationale de l'Ohio, et la Sterling Oil Cᵒ, de Marietta, exposaient des échantillons de pétroles crus, dont la densité se tient, en général, entre 33 et 42 5 degrés Baumé, mais atteint pour quelques spécimens 45 à 49 degrés. La profondeur des exploitations est excessivement variable, puisqu'on rencontre des forages de 90 à 2,210 pieds, et même exceptionnellement 2,665 pieds (900 mètres). Les exploitants n'ont fourni d'ailleurs aucun chiffre relatif à leur production actuelle.

En dehors des combustibles minéraux, l'Exposition de l'Ohio, réunie dans le block 20, comprenait d'assez nombreux échantillons de minerais de fer et de produits de carrières, notamment d'argile à briques ordinaires et réfractaires, de sable pour verrerie, de calcaire pour la sidérurgie ; enfin, des spécimens de sel provenant de sources salées.

Oklahoma. — L'Oklahoma exposait dans le block 51 d'assez nombreux échantillons de carrières, notamment de sables et grès, qui constituent sa principale production, avec la pierre à plâtre.

Orégon. — Toute l'Exposition de cet État consistait à peu près en spécimens de quartz aurifères, avec quelques échantillons de minerais de cuivre et de cobalt. Aucune indication n'a été fournie par les mines sur leur production et l'état de leur exploitation.

Pensylvanie. — Cet État, qu'on peut considérer comme le premier de l'Union au point de vue de la production minière et sidérurgique, exposait dans le block 41 ; à côté, dans le block 52, le district de Pittsburgh avait son Exposition spéciale, que j'ai déjà eu l'occasion de décrire, dans le groupement collectif des États-Unis.

La valeur de la production minière de la Pensylvanie, en 1903, est résumée dans le tableau suivant :

Anthracite	$ 152.036.448
Charbon gras	118.000,000
Coke	38,451,722
Pétrole	15,266.093
Gaz naturel	14,324.098
Argile	17.833,425
Pierre à bâtir	12,589,202
Ciment	10,471,101
Total	378.972,089

En ajoutant à ce chiffre celui de la production de la fonte, qui atteignait la même année 175,309.284 dollars, on arrive à une production minière et métallurgique totale de 554,281,373 dollars, soit près de 3 milliards de francs. La production totale des États-Unis pour les mêmes substances était, en 1903, de 1,418,000,000 dollars, soit moins du triple.

Comme on le voit, c'est l'anthracite qui représente la plus importante fraction de la production minière. Le tableau suivant résume à cet égard la répartition des richesses anthracifères de la Pensylvanie :

	Production depuis l'origine jusqu'au 31 déc. 1901 (tonnes)	Estimation de la contenance initiale du bassin (tonnes)	Estimation du tonnage restant à exploiter (tonnes)
Bassin de Lehigh	602,775,645	1,600.000.000	997,224,355
Bassin de Wyoming	1.819,691,875	5,700,000.000	3,880,309,125
Bassin de Skuylkill	1.194,591,185	12,200,000,000	11,005,408,815
	3,617.058.705	19,500,000,000	15,882,941,395

De nombreux échantillons de ce combustible étaient exposés par la LEHIGH AND WILKESBARRE COAL Cᵒ, de Wilkesbarre, la LEHIGH COAL AND NAVIGATION Cᵒ, de Lansford, la LEHIGH VALLEY COAL Cᵒ, de Wilkesbarre, la PENNSYLVANIA COAL Cᵒ, de Scranton, etc.

Les charbons gras étaient représentés de leur côté par des spécimens de lavés de diverses grosseurs : buckwheat n°s 1, 2, 3 (fines), pea (2 c/m), chesnut (3-4 c/m), stone (4-6 c/m), egg (6-10 c/m), et par des blocs parallélipipédiques de tout-venant taillés à même dans la veine, dont ils représentaient la section entière. Le tableau suivant donne l'analyse des principaux échantillons exposés, d'après les chiffres fournis par la Commission de l'Exposition de Pensylvanie.

COMPAGNIE exploitante	NOM de la mine	DÉSIGNATION de la veine	PUISSANCE de la veine	COMPOSITION DU CHARBON					
				Eau	Matières volatiles	Carbone fixe	Cendres	Soufre	Phosphore
			mètres						
Bennington Blair C°. . .	Bennington	Lemon	1 40	0 37	27 33	68 15	4 15	0 68	0 013
Commercial Coal Mining C°	Six mile Run	Kelly	0 75	0 92	19 31	73 66	6 11	»	»
Fayette C° . . Valley mines, Connesville.		Connesville	3 50	1 13	29 812	60 420	7 949	0 689	»
Butler junction Coal C°. . .	Butler Junction	Upper Preeport	1 30	1 14	37 86	57 179	2 790	1 031	»

Je mentionnerai également un coke exposé par les mines de Connesville, et fabriqué au moyen de charbon provenant de la veine de ce nom. L'analyse donnée pour ce coke était la suivante :

Eau	0 070
Matières volatiles	0 880
Carbone pur	89 509
Cendres	8 830
Soufre	0 714

L'ACADÉMIE DES SCIENCES NATURELLES DE PHILADELPHIE complétait cette Exposition houillère par une collection intéressante de fossiles végétaux de la flore carbonifère, *pecopteris, alethopteris, neuropteris, pseudopecopteris muricata, sigillaria pachyderma, sigillaria mammillaris, lepidodendron, calamites,* etc.

Le pétrole, qui constitue avec le gaz naturel une part importante des richesses de l'État, était seulement représenté par quelques échantillons de naphte cru, sans indications sur leur composition individuelle, leur densité, ni leur production, et accompagnés d'une simple étiquette faisant connaître le nom des couches productives et leur profondeur ; cette dernière est très variable : 560 pieds pour la couche North Warren, 800 à 900 pour la 3ᵉ couche de sable ; 1,500 à 1,795 pour la 4ᵉ ; 2,150 à 2,281 pour la 5ᵉ ; 2,850 pour la couche Gordon Sand. On se heurte à la même absence de renseignements que pour l'Exposition de la Standard Oil Cᵒ.

L'Exposition était complétée par une collection minéralogique présentée par l'État de Pensylvanie et comprenant, avec des minerais de cuivre, zinc et plomb, provenant du district de Lehigh, quelques échantillons de minerais de fer et de manganèse ; enfin de nombreux produits de carrières : pierres à bâtir, marbre noir, grès, granit, ardoise, argile réfractaire, argile à briques et à poterie, etc. En ce qui concerne ces derniers, il faut également citer les ciments de l'AMERICAN CEMENT Cᵒ. de Philadelphie, déjà mentionnés dans le groupement collectif des États-Unis, et les ardoises des carrières d'Old Bangor, exploitées par J.-L. MOYER AND Cᵒ, de Bethlehem, qui annoncent pour leurs plaques de 12 pouces sur 24 une résistance à la rupture, mesurée par une charge normale, applicable au centre, de 9,110 livres par pouce carré ; ces carrières se réclament d'une quarantaine d'années d'existence, ce qui est beaucoup pour une exploitation américaine.

South Dakota. — Le Dakota du sud exposait dans le block 61 de très nombreux échantillons de minerais d'or, présentés par les mines exploitantes, qui se sont d'ailleurs abstenues de fournir aucun renseignement sur leurs gisements et leur production. L'ÉTAT DE SOUTH DAKOTA et l'ÉCOLE NATIONALE DES MINES de Rapid City présentaient d'autre part des collections minéralogiques assez complètes de productions du pays : minerais d'or, d'argent, de plomb, de cuivre, de nickel, d'étain, de tungstène, d'antimoine, d'uranium, et produits de carrières, pierre à bâtir, gypse, mica, granit noir, etc.

Tennessee. — Cet État, surtout agricole, ne pouvait rien présenter de bien intéressant dans le Département des mines. Il exposait dans le block 63 des échantillons de minerais de fer (particulièrement des hématites), des minerais de cuivre, et enfin, surtout, des produits de carrières, argiles, marbres, pierres à bâtir, baryte, spath fluor, phosphates, présentés par de nombreux exploitants et résumés dans une exhibition collective faite par l'État.

Texas. — Le Texas était jusqu'à ces dernières années un État secondaire au point de vue minier. Le développement colossal pris subitement par ses gisements de pétrole, est venu tout d'un coup lui donner à ce point de vue une importance nouvelle.

Le premier gisement de pétrole reconnu au Texas est celui de Corsicana, qui date de 1894, mais dont la production s'est peu développée, et atteint aujourd'hui un peu moins d'un million de barils par an. L'huile de ce bassin est analogue, par sa légèreté, à celle de Pensylvanie ; elle titre 38 à 40° Baumé, et fournit 60 % d'huile lampante.

C'est en janvier 1901 qu'a été découvert le bassin pétrolifère de Beaumont, près de Port-Arthur et de Galveston ; sa production, d'environ 4 millions de barils en 1901, s'est élevée en 1902 (dernière année dont la statistique officielle soit complète) à plus de 16 millions de barils. Le pétrole est très lourd (21° Baumé), et se rapproche ainsi de celui de Californie, dont il se distingue malheureusement par sa forte teneur en soufre (2 5 %). Il sert principalement comme combustible.

Malgré son importance et son développement extraordinaire, cette industrie nouvelle était cependant peu représentée à l'Exposition, et quelques Compagnies seulement, telles que la Guffey Petroleum C°, de Batson ; la Gulf refining C°, de Port-Arthur ; la Beaumont Saratoga oil and pipe line C°, de Saratoga ; la Corsicana petroleum C°, de Corsicana ; la Drillers Oil C°, de Sour Lake ; la Producers Oil C°, de Batson ; la Great Southern refining C°, de Beaumont, etc., exposaient des échantillons de naphte cru, mais sans donner d'indications sur leur gisement et leur production actuelle. On ne peut que regretter cette lacune, particulièrement déplorable pour une grande industrie naissante, qui a tout intérêt à se faire connaître.

En dehors de l'huile minérale, le Texas renferme d'importants gisements de lignite, quelques mines de cuivre dans les comtés d'El Paso, Jeff. Davis, Llano, Hardeman et Archer ; de fer dans les comtés de Llano, Mason, Gillespie, Cherokee, Marion, Smith, Panola, Brewster et Presidio ; de plomb dans les comtés d'El Paso, Presidio, Jeff. Davis et Burnet ; de mercure dans le comté de Brewster ; d'étain dans le comté d'El Paso, etc. L'État produit aussi des terres rares, telles que les minerais d'yttrium, de thorium, etc., du comté d'El Paso, dont plusieurs étaient exposés par la Compagnie des lampes Nernst, de Pittsburgh, déjà nommée. On rencontre aussi des minerais d'uranium dans les comtés d'El Paso et de Llano. Enfin les carrières de granit et d'argile y sont nombreuses. Tous ces produits étaient présentés par de nombreux exploitants et réunis en outre dans une Exposition collective de l'État, au block 63.

Utah. — L'Utah exposait dans le block 70. Désertique dans sa plus grande étendue, cet État renferme des richesses minérales assez importantes, et dont l'exploitation se développera sans doute avec les moyens de transport.

L'industrie houillère était assez modestement représentée par quelques échantillons de charbon gras et de coke exposés par l'Utah Fuel Cᵒ, de Salt Lake City, et par des échantillons provenant du district de Pleasant Valley et figurant dans l'Exposition collective de l'État.

Les mines métalliques sont nombreuses et étaient représentées par de nombreux exploitants : la Bingham Copper and Gold Manufacturing Cᵒ, la Bullion Beck and Champion Manufacturing Cᵒ, l'Eureka Hill Manufacturing Cᵒ, la Daly West Manufacturing Cᵒ, la Stockton Gold Mining and Manufacturing Cᵒ, de Salt Lake City, etc., pour le cuivre, le plomb, l'argent et l'or.

Le sel, employé surtout à la chloruration des minerais argentifères, est extrait principalement du réservoir inépuisable du grand Lac Salé. L'Inland Salt Cᵒ, de Salt Lake City, et la Western Salt and Soda Cᵒ, de Farmington, représentaient cette industrie.

L'Utah contient en outre un gisement considérable d'un minéral de la série du pétrole, l'ozokérite, d'où l'on extrait de la paraffine et de la cire ; les principaux exposants de cette exploitation étaient Culmer Brothers, de Salt Lake City, et l'Utah Cᵒ ; ils ne donnaient malheureusement aucun détail sur leur production et leur mode d'exploitation.

Virginie. — Cet État exposait dans le block 74 A. Sa principale production minérale consiste en charbon et en minerais de fer. Il convient de citer principalement, dans la Section houillère, les anthracites de la Virginia Anthracite Coal Cᵒ, de Cambria. Les minerais de fer étaient représentés par de nombreuses exploitations : Cataroba Mt Mine, Roanoke Cᵒ, Cornelia Mine, de Summit Station ; Dora Furnace, de Pulaski City ; Glen Wilton mines, de Glen Winton, etc. La Crimora Manganese Cᵒ, de Crimora, George A. Hawey, de Concord, etc., exposaient des minerais de manganèse ; la Consolidated Copper Cᵒ, de Luray, la High Hill Virginia Mining Cᵒ, la Lightfoot Copper Mine, d'Arvonia, etc., des minerais de cuivre, dont quelques-uns aurifères.

La production des carrières de la Virginie est importante et consiste principalement en marbres, onyx, gypse et albâtre, baryte, ardoises, kaolins et argiles à briques, sable, mica et asbeste. Une collection intéressante en était exposée en collectivité par l'État.

Washington. — L'industrie minérale est encore naissante dans cet État, et sa production est peu importante. Il exposait dans le block 80 une collection d'échantillons de minerais d'or provenant des mines de Cléopâtre, Apex et Money Creek dans le comté de King, de minerais d'or, d'argent et de cuivre de divers gisements des comtés de Ferry et d'Okonogan. Les carrières étaient représentées par de nombreux spécimens d'argiles réfractaires, d'argile à poterie, de ciments et de calcaires.

West Virginia. — La Virginie occidentale est avec la Pensylvanie un des grands producteurs de charbon gras des États-Unis. Son extraction totale s'est élevée, en 1903, à 25,663,342 short tons (environ 23,281,000 tonnes métriques). Les exploitants indiquent des prix de revient, sur le carreau de la mine, de 60 à 90 cents par tonne (3 francs à 4 fr. 30) ; le transport jusqu'au port de Norfolk s'élève à \$1 35 (environ 7 francs) par tonne chargée à bord.

Les exposants étaient peu nombreux : la Davis Colliery Co, d'Elkins, la Fairmont Coal Co, de Fairmont, la Kanawha fuel Co, de Charleston, présentaient de beaux blocs de houille grasse. Des frais considérables ont d'ailleurs été faits par ces Compagnies pour l'Exposition de coûteux modèles dont je reparlerai au Groupe 117.

Wisconsin. — Cet État tire sa principale richesse de son agriculture et de l'élevage du bétail. Il contient néanmoins quelques mines, parmi lesquelles on peut citer en première ligne les gisements de galène et de blende de la région sud-ouest de l'État. Le minerai, empâté dans une gangue calcaire, a été reconnu à Mineral Point sur quelque 300 pieds en direction comme en inclinaison ; sa profondeur au-dessous du sol est en moyenne de 250 pieds. La Blende Mining Co, de Benton, la Crawford Mining Co, de Hazel Green, la Dahl Mining Co, de Meekers Grove, l'Empire Mining Co, de Platteville, exposaient quelques échantillons intéressants.

Il faut mentionner également les minerais de fer, consistant principalement en limonites, exposés par les districts de Menominee, Barabao et Gogebic.

L'industrie des carrières était représentée par quelques exploitations d'argiles et de marnes, et surtout par de nombreuses exploitations de granit, employé pour la construction et l'ornementation. Parmi les principaux exposants de cette dernière catégorie, il faut mentionner la Waupaca Granite Cᵒ, de Waupaca, la Wausau Quartz Cᵒ, de Wausau, l'Amberg Granite Cᵒ, d'Amberg, la Western Consolidated Granite Cᵒ, de Berlin, qui présentait de beaux blocs de rhyolithe. La Waupaca Granite Cᵒ, indique pour ses granits polis des prix de vente de 12 à 14 dollars pour des fûts de colonnes cylindriques de 10 pouces de diamètre sur 12 à 16 pouces de hauteur.

Toute cette Exposition était localisée dans le block 41.

Wyoming. — Le Wyoming avait réuni dans le block 51 des échantillons de son industrie minière, encore en voie de développement. On peut citer, parmi les Expositions les plus intéressantes, les charbons de la Cambria Coal and Coke Cᵒ, de Cambria ; les minerais de fer de la Spring Valley Iron and Oil Cᵒ, de Spring Valley, et de l'Illinois Steel Cᵒ, de Milwaukee ; les minerais de cuivre de la Battle Lake Tunnel Site Mining Cᵒ, de Grand Encampment, et de la Globe Copper Cᵒ, de Laramie ; les minerais de zinc de la Klondike Mining Cᵒ, de Platteville, ceux de zinc et de plomb de la Mason Mining and Milling Cᵒ, de Linden ; les minerais aurifères et argentifères de la Colorado and Wyoming Manufacturing Cᵒ, de Jelm ; de l'Œtna Mining Cᵒ, de Grand Encampment ; de l'American Gold and Copper Manufacturing Cᵒ, de Jelm ; de la Chippewa Mining and Milling Cᵒ, de Grand Encampment, etc.

L'industrie du pétrole s'est beaucoup développée récemment dans le Wyoming. De nombreux échantillons de naphtes crus étaient exposés par l'American Oil and refining Cᵒ, le Belgo American drilling Trust, de Cheyenne, etc. Mais les indications manquaient totalement sur la production et l'analyse de ces huiles minérales, et on ne peut que le regretter.

Il convient de réserver une mention spéciale à l'exploitation de carbonate de soude naturel de la Colorado and Wyoming Chemical Cᵒ, de Green River. Il y a quelques années, des sondages destinés à la recherche du pétrole, forés aux environs de cette ville, rencontrèrent à quelque sept cents pieds de profondeur une nappe artésienne d'eau fortement minéralisée, tenant 13 5 % de carbonate de soude pur. Une société d'exploitation fut aussitôt formée. Le liquide, élevé par des pompes à des réservoirs suffisamment élevés, se rend dans des chaudières d'évaporation, puis, quand il a atteint le degré de saturation convenable, à des bassins où le carbonate de soude est cris-

tallisé. Les cristaux amoncelés en tas à la pelle sont soumis à l'égout-
tage pendant 24 heures, et sont alors prêts à la vente. La Société
exploitante prépare des installations complémentaires qui lui per-
mettront de produire, par jour, 25 tonnes de bicarbonate de soude et
25 tonnes de soude caustique ; elle compte également s'outiller pour
manufacturer à l'avenir une centaine de tonnes de carbonate de soude
anhydre.

Les carrières du Wyoming produisent de beaux marbres, des
onyx, des agathes, du granit, de la pierre à bâtir, du gypse, etc.
Une collection intéressante en était présentée en collectivité par l'État ;
elle était complétée par plusieurs Expositions particulières.

GROUPE 117

a) **Exposition collective des États-Unis.**

Le Groupement collectif des États-Unis comprenait quelques Expositions dans le Groupe 117.

On peut mentionner spécialement le modèle d'installations pour
le traitement des minerais de fer exhibé par la CLEVELAND CLIFFS IRON
C°, de Cleveland ; le beau modèle de carreau de mine construit par
la CONSOLIDATION COAL C°, la SOMERSET COAL C° et la FAIRMONT COAL C°,
de Fairmont (West Virginia), qui occupait une place importante
dans le block 42 A ; une collection de photographies de laboratoires
d'essai et d'études minéralogiques présentées par la célèbre UNIVER-
SITÉ D'HARVARD, de Cambridge (Massachusetts) ; la carte en relief du
district de Pittsburgh, dressée par la CHAMBRE DE COMMERCE DE PITTS-
BURGH, ainsi que l'intéressant projet du canal entre le lac Erié et la
rivière Ohio, qui améliorera considérablement les transports dans
cette riche région industrielle ; le modèle de carreau de houillère,
construit par la PITTSBURGH COAL C°, de Pittsburgh ; une série de photographies et de cartes dressées par la STANDARD OIL C°, de New-
York, et représentant plusieurs des plus notables installations de
transport et d'extraction du pétrole de ce puissant trust ; enfin l'Exposition collective de cartes géologiques et de tableaux, réunie par les
soins de l'UNITED STATES GEOLOGICAL SURVEY, de Washington, dans le
block 74.

b) **Expositions particulières des États.**

La plupart des États exposants ont présenté des exhibitions dans le Groupe 117 ; mais, sauf quelques exceptions, la plupart n'offraient en général ni grande importance, ni grand intérêt. Je les passerai rapidement en revue.

Beaucoup d'exposants se sont bornés à envoyer à Saint-Louis des séries de photographies représentant leurs installations, ou donnant une sorte de description illustrée du pays. On peut citer dans cet ordre d'idées les photographies exposées :

Dans l'Arizona, par les mines de MOHAVE et de YAVAPAI ;

Dans le Colorado, par le DENVER AND RIO GRANDE RAILROAD, le COLORADO SOUTHERN RAILROAD, et le COLORADO MIDLAND RAILROAD ;

Dans l'Illinois, par la MADISON COAL Cᵒ ;

Dans le Missouri, le Nevada et l'Iowa, par l'ÉTAT ;

Dans la Caroline du Nord, par l'UNIVERSITÉ NATIONALE DE CHAPEL HILL, et la NORTH CAROLINA GEOLOGICAL SURVEY ;

Dans le Montana, par l'AMALGAMATED COPPER Cᵒ, l'ANACONDA COPPER MINING Cᵒ, de Butte, etc... ;

Dans le Tennessee, par la CRANBERRY IRON Cᵒ, de Johnson City, et la PERRY PHOSPHATE Cᵒ, de Parsons ;

Dans le Wyoming, par l'ÉTAT, l'HECLA GOLD AND COPPER MINING Cᵒ, de Hecla.

D'autres Expositions, beaucoup plus intéressantes au point de vue technique, comportaient des cartes géologiques et des coupes de terrains. Il faut mentionner dans cette catégorie :

Dans la Californie, la carte des productions minérales de l'État, indiquant l'emplacement des principaux gisements, et dressée par la Commission de l'Exposition de cet État, d'après les documents du bureau des mines de Californie ;

Dans le Colorado, une carte géologique en relief présentée par MM. DAVIS et BYLER ; une carte et une coupe géologique présentées par la BIG FIVE MINING Cᵒ ;

Dans l'Arkansas, l'Iowa, le Kansas, la Louisiane, le Missouri, le Nebraska, l'Ohio, le New-Mexico, le Wyoming, les cartes géologiques dressées par les soins des administrations de ces États ;

Dans le Maryland, les cartes géologiques de la Maryland Geological Survey, de Baltimore ;

Dans le Nevada, une coupe du célèbre filon du Comstock ;

Dans le New-Jersey, une carte minéralogique en cuivre repoussé et colorié, dressée par la Geological Survey of New-Jersey ;

Dans l'Ohio, une coupe géologique intéressante du bassin houiller du Sud-Est, montrant de haut en bas la succession des couches : 35 pieds d'argile et grès, 3 pieds 11 pouces de charbon, 36 pieds d'argile et grès, 3 pieds 10 pouces de charbon, 36 pieds d'argile et calcaire avec intercalations de veines ferrugineuses, 4 pieds 4 pouces de charbon, 57 pieds d'argile et grès, enfin 2 pieds 8 pouces de charbon ;

Dans l'Oklahoma, une carte géologique avec relief du sol dressée par MM. Finney et Gould, et présentée par le comté de Cleveland ; une carte minéralogique du territoire dressée par l'administration ;

Dans la Pensylvanie, une belle carte en relief du bassin anthracifère exposée par la Lehigh Valley Coal Cᵒ, et diverses cartes dressées par l'administration de l'État ;

Dans l'Utah, des cartes exposées par l'École nationale des Mines, de Salt Lake City ;

Dans le South Dakota, des cartes géologiques du district des Black Hills exposées par la Black Hills Mining Mens Association, de Deadwood ;

Dans la West Virginia, deux belles cartes en relief accompagnées de tableaux résumant la nature des couches, exposés par les Kanawha Coal Operators, de Charleston, et les New River Coal Operators, de Thurman ;

Dans le Wisconsin, une coupe de mine de plomb et zinc présentée par E.-T. Hancock, de Madison, et surtout une intéressante coupe géologique de la Barabao Valley, dressée par la Wisconsin Geological and Natural history Survey.

En dernier lieu, enfin, le Groupe 117 comprenait les modèles de mines, d'ailleurs relativement peu nombreux, et qu'on ne rencontrait que dans les Expositions de quelques États. Je citerai notamment :

Dans l'Arkansas, le modèle de houillère exposé par l'État ;

Dans la Californie, un modèle de bocard, exposé par le Bureau des mines de Californie ; un modèle de sondage pour pétrole, présenté par R.-H. Herron, de Los Angeles ; un modèle d'atelier de cyanuration, exposé par la Pacific Tank Cᵒ, de San-Francisco ;

Dans le Colorado, un modèle sans aucun intérêt technique, seulement curieux comme exécution, réunissant dans une miniature de monument les différents minerais et pierres précieuses constituant les richesses de l'État : un modèle de mine d'or, assez intéressant pour le public comme attraction, présenté par l'ÉCOLE NATIONALE DES MINES DE L'ÉTAT ;

Dans l'Idaho, un modèle de carreau de mine d'or, exposé par l'UNIVERSITÉ NATIONALE DE MOSCOW ;

Dans le Kentucky, un modèle du carreau de la houillère Eureka, exposé par la REINECKE COAL MINING Cᵒ, de Madisonville ; un modèle de lavoir Campbell, présenté par la ST BERNARD MINING Cᵒ, d'Earlington ;

Dans le Michigan, un modèle de la recette de la mine de Tamarack, exposé par le MICHIGAN COLLEGE OF MINES, d'Houghton ; un modèle de boisage parallélipipédique en madriers verticaux et horizontaux, employé dans les grandes chambres d'exploitation de la mine de fer de Norrie (Gogebic Range) ; un modèle de recette de puits incliné, et des installations de criblage de mines de cuivre ; un modèle d'installations de préparation mécanique des minerais de cuivre natif, comprenant un moulin broyeur, une série de bacs à piston, et des tables tournantes convexes pour le traitement des schlamms ; ces derniers modèles exposés par l'UNIVERSITÉ DU MICHIGAN, d'Ann Arbor ;

Dans le Minnesota, un modèle de l'embarcadère pour minerais du port de Duluth, exposé par l'ÉTAT ;

Dans le Missouri, des modèles de préparation mécanique de minerais et de houille : un séparateur magnétique, exposés par l'ÉTAT ;

Dans le Montana, des modèles de mines exposés par l'ANACONDA COPPER MINING Cᵒ, de Butte, et par l'ÉCOLE DES MINES DU MONTANA :

Dans la Pensylvanie, des modèles de mines et de broyeurs à charbon, exposés par les COMPAGNIES D'ANTHRACITE : un modèle de four à coke, présenté par les EUREKA FIRE BRICK WORKS, de Mt Braddock : des modèles de carreaux de mines de charbon gras, exposés par l'ÉTAT ;

Dans l'Utah, un beau modèle de laverie et préparation mécanique pour minerais d'or, provenant des ateliers Allis Chalmer et exposé par l'ÉTAT. Le minerai déversé par une trémie dans un broyeur rotatif Gates est réduit en grains d'un demi-pouce (12 ᵐ/ᵐ 5) de diamètre ; une noria l'élève à un système de trommels étagés ; le refus du trommel le plus grossier est broyé à nouveau dans un broyeur Gates plus fin, et retourne au premier trommel. Les différentes catégories criblées par les quatre trommels sont concentrées dans trois jigs rectangulaires, à grande vitesse d'oscillation de piston ; les mélanges provenant des deux premiers jigs sont broyés à nouveau dans un broyeur Gates, et retournent aux trommels. Les fines qui ont traversé le dernier trommel se rendent à deux caisses pointues ; les dépôts de la première sont lavées dans un quatrième jig ; ceux de la seconde sur une table à secousses de Wilfley ; enfin les schlamms sont traités sur une table Overstrom.

Dans la West Virginia, enfin, un très beau modèle de carreau de mine, comprenant fours à coke, corons, etc..., exposé par la FAIRMONT COAL Cᵒ, de Fairmont. C'était de beaucoup l'Exposition américaine la plus réussie du Groupe 117.

III

SECTIONS ÉTRANGÈRES

ᴇs États représentés à l'Exposition dans le Département L étaient, non compris la France et les États-Unis, au nombre de 28. Leurs envois étaient, comme il arrive toujours, d'importances très inégales, et souvent peu proportionnées à leur puissance et à leur activité industrielle et commerciale. Le cadre restreint de ce rapport ne permet de consacrer à chacun d'eux qu'une étude encore plus sommaire que celles dont la France et les États-Unis ont fait l'objet. Je les passerai successivement et rapidement en revue, dans l'ordre du catalogue officiel.

République Argentine.

Gʀᴏᴜᴘᴇ 116. — La République Argentine exposait au block 14 dans les Groupes 116 et 117. Le Mɪɴɪsᴛèʀᴇ ᴅᴇ ʟ'Aɢʀɪᴄᴜʟᴛᴜʀᴇ avait envoyé des échantillons de charbons et minerais variés, en particulier de quartz aurifères, auxquels le Sᴇʀᴠɪᴄᴇ ᴅᴇ ʟᴀ sᴜʀᴠᴇɪʟʟᴀɴᴄᴇ ᴅᴇs ᴇᴀᴜx ᴇᴛ ᴅᴇs ᴄᴏᴍʙᴜsᴛɪʙʟᴇs ᴍɪɴéʀᴀᴜx ajoutait une collection de houilles, lignites, bitumes, ozokérite, etc..., malheureusement sans indications précises sur le gisement et l'exploitation de ces produits.

L'industrie des carrières figurait principalement par de beaux échantillons d'onyx, envoyés par la Cᴏᴍɪsɪᴏɴ Nᴀᴄɪᴏɴᴀʟᴇ, de Buenos-Ayres, l'Uɴɪᴏɴ Iɴᴅᴜsᴛʀɪᴀʟᴇ Aʀɢᴇɴᴛɪɴᴀ, Eɴᴅᴇɪᴢᴀ ᴇ Cᵒ, de La Toma (San-Luis), etc...

Enfin, plusieurs Sociétés telles que Fʀᴇɪxᴀs, Uʀqᴜɪᴊᴏ ᴇ Cᵒ, Tᴀɴᴄʀᴇᴅɪ ᴇ Cᵒ, de Buenos-Ayres, etc... présentaient des échantillons d'eaux minérales du pays.

Groupe 117. — Le principal exposant argentin du Groupe 117 était le Service de la surveillance des eaux et combustibles minéraux, qui avait envoyé une carte de la République avec l'indication des principaux bassins houillers et pétrolifères et quelques coupes géologiques.

Autriche.

L'Exposition autrichienne, contenue en grande partie dans le Palais de l'Agriculture, était fort réduite, et représentée dans le Groupe 116 par quelques échantillons d'eaux minérales, et dans le Groupe 117 par des cartes géologiques publiées par le Service géologique de l'État autrichien.

Belgique.

La Belgique avait réuni toute son Exposition minière dans le pavillon national belge.

Groupe 115. — L'exploitation des mines était principalement représentée par une maquette de l'installation du puits d'air du siège Sacré-Français de la Société anonyme des Charbonnages réunis, de Charleroi. Ce siège d'extraction, calculé pour une profondeur de 1,200 mètres, exploite actuellement à 750. Le chevalement métallique, de 30 mètres de hauteur, est à doubles recettes; les cages, simples, offrent 10 étages superposés. Les câbles, en acier, ont 150 millimètres de diamètre et peuvent enlever une charge utile de 5 tonnes. La machine d'extraction est horizontale, avec détente par soupapes, et comporte 2 cylindres de 1^{m}10 de diamètre et 1^{m}60 de course. Un ventilateur Guibal de 9 mètres et un Rateau de 2^{m}80 complètent l'installation ; ces appareils débitent 80 mètres cubes par seconde sous une dépression de 110 millimètres, ce qui correspond, pour la mine, à un orifice équivalent de plus de 3 mètres carrés.

La Société anonyme Vertongen-Goens, de Termonde, avait envoyé des spécimens des câbles de mine en aloès ou en acier, à section uniforme ou décroissante, qui ont fait sa réputation dans l'industrie minière.

La Société des accumulateurs Chelin, de Bruxelles, exposait des lampes de sûreté électriques, système Ludemann, alimentées par ses apparcils, qui peuvent donner un éclairage d'une quinzaine de bougies pendant sept heures.

GROUPE 116. — Les charbonnages de Belgique présentaient dans le Groupe 116 une intéressante Exposition collective, destinée à donner, avec une notice générale publiée par M. A. SOUPART, directeur-gérant des Charbonnages réunis de Charleroi, et avec des notices particulières sur les principales houillères exposantes, une idée générale de l'industrie du charbon en Belgique. Au centre de cette Exposition, un pylône, composé de parallélipipèdes rectangles superposés avec des inscriptions statistiques sur leurs différentes faces, faisait connaître, pour chaque période décennale depuis 1830, les tonnages extraits, leurs valeurs, le nombre moyen des ouvriers, leur salaire, leur rendement, la proportion des accidents mortels, les frais d'exploitation, les bénéfices nets. Ces chiffres comparatifs, publiés dans toutes les statistiques, ne sauraient trouver place dans ce rapport. Il suffira de mentionner que la production houillère de la Belgique a été, en 1903, de 23,870,820 tonnes, fournies par 119 houillères, d'une étendue de 95,637 hectares, avec 271 sièges d'exploitation en activité et 13 en aménagement; que l'extraction consomme 83,157 chevaux-vapeur, l'épuisement 36,545, l'aérage 24,634, les autres services 35,089 : au total 179,425 chevaux, utilisés par 2,758 machines, et fournis par 2,301 chaudières. Le personnel ouvrier des houillères était, en 1902, de 134,889, dont 98,600 au fond; le nombre moyen des journées de travail par ouvrier et par an a été, la même année, de 295 et le salaire moyen net de 1,177 francs. L'effet utile de l'ouvrier, qui n'était que de 79 tonnes produites par homme et par an en 1831, s'est élevé en 1902 à 170 tonnes, par le perfectionnement des procédés techniques. Le prix de revient moyen de la tonne de houille, en 1902, a été de 11 fr. 79, dont 7 fr. 05 pour la seule main-d'œuvre; le prix moyen de vente ayant atteint 13 fr. 50, le bénéfice moyen s'est traduit par 1 fr. 41 à la tonne. Enfin, l'accroissement de la sécurité des mineurs est mis en évidence par ce fait, que la proportion des tués était de 31 07 par 10,000 ouvriers et 33 88 par million de tonnes extraites dans la période décennale 1831-1840, et que ces chiffres, par une lente et continue décroissance, sont tombés, en 1901-1902, respectivement à 11 22 et 6 65, malgré les dangers toujours de plus en plus grands de l'industrie houillère, dus à l'augmentation de la profondeur d'extraction, et à l'abondance du grisou qui est en relation directe avec l'activité de la production.

Cette Exposition était complétée par une collection d'échantillons de coke, de briquettes, d'agglomérés. En 1902, la production du coke a été de 2,048,070 tonnes pour les provinces de Liége et du Hainaut, et de 54,680 pour celle d'Anvers. La fabrication des agglomérés (briquettes et boulets) a fourni en 1902, 1,616,520 tonnes de ces combustibles, dont 80 °/₀ provenant de la seule province du Hainaut.

Les carrières belges avaient envoyé de nombreux échantillons de pierres de construction et d'ornement, de marbre, de ciment, de chaux, de phosphate (St-Symphorien), etc...

GROUPE 117. — Il convient de mentionner dans ce Groupe, des tableaux statistiques présentés par la DIRECTION GÉNÉRALE DES MINES DE BELGIQUE, des photographies du siège d'expériences de Frameries, pour l'essai des explosifs et des lampes de sûreté, installation d'ailleurs décrite dans une notice exposée au Groupe 119 par M. Watteyne, ingénieur en chef directeur des mines à Bruxelles ; enfin des cartes et diagrammes dus à M. A. SOUPART, directeur des Charbonnages réunis de Charleroi, et montrant le développement continu de l'industrie minérale en Belgique.

Brésil.

Cet État est certainement un de ceux qui ont fait le plus grand effort pour tenir une place importante à l'Exposition de Saint-Louis. Le nombre des exposants, les publications variées dues aux administrations brésiliennes, les dépenses visibles faites pour l'installation matérielle des produits envoyés, en sont, pour le Département L, une preuve suffisante. Toutefois, le Groupe 115 n'était pas représenté.

L'Exposition brésilienne était située dans le block 14 du Palais des Mines. Une très importante collection minéralogique y avait été réunie pour figurer dans le Groupe 116, et donnait une idée assez complète des richesses du pays.

La houille existe, au Brésil, tout le long de la côte, depuis l'Amazone jusqu'au Rio-Grande-do-Sul, mais les gisements en sont jusqu'à présent fort mal connus et à peu près inexploités, la plus grande partie du combustible consommé par l'industrie étant empruntée aux forêts qui couvrent le territoire. Quelques échantillons de charbon demi-gras, peu dur, étaient exposés par les compagnies ESTRADA DE FERRO THERESA CHRISTINA, ESTRADA DE FERRO E MINAS DE SAO JERONYMO, etc.

Il existe quelques gisements de lignite dans l'État de Minas-Geraes, d'asphalte dans celui de Santa-Catharina, de schistes bitumineux dans celui de Bahia. La Compania Extractiva minerale do Brazil, de Marahié (Bahia), exposait un schiste de ce genre, qui, par distillation, fournit par tonne les produits suivants :

Essence de pétrole	8 k.	88
Huile lampante	43	74
Huile à gaz	40	80
Huile de graissage	60	90
Bitume résidu	74	80
Paraffine	5	68

La graphite enfin se rencontre dans les États de Bahia et de Minas-Geraes. MM. Rosse et Mosselmann en exposaient quelques échantillons.

Le fer est fort abondant au Brésil, mais l'extraction en est des plus faibles. Il se présente surtout sous forme d'oxydes : hématite, fer oligiste, magnétite, etc... Les principaux gisements sont situés dans l'État de Minas-Geraes, à une altitude de 3,200 à 5,000 pieds et à 300 milles du port de Rio-de-Janeiro. Les quelques analyses suivantes donneront une idée de ces minerais :

MINERAI	PROVENANCE	COMPOSITION POUR 100								
		Fer métalliq.	Manganèse	Silice	Phosphore	Soufre	Chaux	Magnésie	Alumine	Eau
Hématite compacte..	Itabira do Campo	69 29	0 38	0 37	0 010	0 007	0 18	»	traces	0 22
Hématite . .	id.	69 86	0 007	0 14	0 002	néant	»	»	»	»
Magnétite	Sabara	70 23	0 06	0 66	0 018	»	0 08	0 30	0 13	0 66
Oligiste. . .	Cata Branca	67 95	»	1 22	0 035	0 088	»	»	»	0 36
Conglomérat ferrugineux.	Gandarella (MinasGeraes)	64 04	0 27	4 78	traces	néant	0 25	»	0 74	»

Le manganèse se rencontre dans les États de Minas-Geraes, Bahia, Rio-Grande-do-Sul, Santa-Catharina, São-Paulo, Matto-Grosso, Goyaz, mais n'a été exploité que dans les deux premiers, principalement sous forme de pyrolusite. Les teneurs en manganèse métallique sont généralement élevées et peuvent atteindre 55 à 62 %. La moyenne d'un certain nombre d'analyses effectuées en 1900 sur des minerais brésiliens a donné les résultats suivants :

Manganèse métallique	52 53 %
Fer	3 39
Silice	1 40
Phosphore	0 028
Eau	15 46

De beaux échantillons manganésifères (pyrolusite, psilomélane, rhodonite, etc...) provenant pour la plupart de l'État de Minas-Geraes, étaient exposés par les compagnies GONÇALVES RAMOS E Cº, d'Emprezza, OURO PRETO-GOLD MINES OF BRAZIL, etc... MM. [Marciano Sampaio, Rosse et Mosselmann présentaient aussi des spécimens de minerais de Nazareth (Bahia).

Il existe quelques gisements de galène argentifère dans les États de Bahia, Parana, Minas-Geraes, Matto-Grosso, Rio-Grande-do-Sul ; de calamine, d'arsénopyrite, dans celui de Minas-Geraes. L'ECOLE DES MINES D'OURO-PRETO (MINAS-GERAES) en exposait des échantillons. Ces mines sont d'ailleurs inexploitées. Il en est de même des gîtes d'étain et de wolfram reconnus dans des filons de quartz sur la crête de la Serra do Herval, entre Caçapava et Encruzilhada.

Les seuls minerais métalliques dont l'exploitation soit importante au Brésil, sont le cuivre et l'or.

Le cuivre se rencontre dans les assises jurassiques de grès, schistes et conglomérats qui recouvrent la Serra de Caçapava, sur une étendue à peu près circulaire de 75 milles de diamètre. Il se présente soit sous forme de silicates bleus ou verts imprégnant la roche (Caçapava, Pequery, etc...), soit en veinules de cuivre gris ou de chalcopyrite (mines de Camaquam, Caçapava, etc.) ; la malachite et l'azurite sont rares ; le métal natif a été trouvé à Caçapava, Lavras, Vaccacahy et Quarahy. Il convient de citer parmi les mines les plus importantes représentées à l'Exposition : la SOCIÉTÉ BELGE DES MINES DE CUIVRE DE CAMAQUAN qui exploite des filons de riches minerais sulfurés à 60-70 % de cuivre et de chalcopyrites à 30 % ; la MINE PRIMAVERA, appartenant à MM. Archer et Luce, de Porto-Alegre, où l'on traite un schiste cuprifère imprégné de sels oxydés (silicates et carbonates) qui lui donnent une teneur de 6 à 7 %, etc.

L'or est connu depuis des siècles au Brésil où il se rencontre dans des alluvions sableuses, dans les États de Minas-Geraes, Goyaz, Bahia, São-Paulo, Espirito-Santo, Parana, Rio-Grande-do-Sul, Matto-Grosso. Nombreux étaient les échantillons exposés par la Compagnie anglaise OURO-PRETO GOLD MINES OF BRAZIL, de Minas-Geraes, la Société ROTULO LIMITED, de Minas-Geraes, l'ÉCOLE DES MINES D'OURO-PRETO (Minas-Geraes), etc... La première Société présentait des quartz aurifères d'une teneur de 82 grains (41 dollars) par tonne, et des pyrites arsenicales aurifères d'une teneur de 189 grains, 6 (94 dollars) par tonne; les autres minerais offraient des teneurs de 6 à 48 dollars à la tonne. La production totale du Brésil a été, en 1901, de 8,965 livres d'or, et en 1902, de 7.692 livres; ces chiffres se sont considérablement augmentés depuis, car l'exportation pour le premier semestre de 1903 (dernière statistique complète) atteignait 7,696 livres.

Le diamant doit également se ranger parmi les plus importantes richesses du Brésil, quoique les exploitations du Transvaal soient venues par leur concurrence en faire baisser le commerce d'exportation. Les principales mines sont situées dans les États de Minas-Geraes, Bahia, Parana, Goyaz, Matto-Grosso et São-Paulo, surtout dans le premier, auquel elles ont acquis une certaine célébrité. Ces gisements se rencontrent, en général, dans des alluvions quaternaires. Les plus importants sont ceux de Diamantina, Cocaes, Grao Mogol, Abacté et Bagagem, dans le Minas-Geraes, de Rio-das-Contas, dans le Bahia. La production totale du Brésil est annuellement d'environ 8 kilogrammes de diamants (40,000 carats en chiffres ronds), représentant sur place une valeur approximative de 5 millions de francs; les trois quarts de cette production proviennent de Minas-Geraes. De nombreux spécimens de sables diamantifères étaient exposés par MM. le DOCTEUR ANTONIO OLYNTHO et le MAJOR F. BRANT, de Minas-Geraes, la TRANSPACIFIC Cᵒ et M. FRANCISCO A. RIBEIRO, de Matto-Grosso, la BRAZILIAN DIAMOND FIELDS Cᵒ, de Bahia, etc... L'ÉCOLE DES MINES D'OURO-PRETO (Minas-Geraes) présentait une intéressante collection de minéraux accompagnant le diamant dans les alluvions: rutile, anastase, tourmaline, hydrate d'alumine avec phosphates de cerium, etc...

Le Brésil est assez grand producteur de monasite, minerai de cerium, thorium et autres métaux rares dont les terres sont aujourd'hui d'un usage industriel important pour la fabrication des manchons à incandescence type Auer. On rencontre ce minerai dans des sables, le long de la côte, dans les États de Bahia et d'Espirito-Santo; sa grande densité (5 12) permet de le séparer facilement par simple lavage à l'eau courante. L'analyse suivante donne une idée de sa composition :

Oxyde de cerium	32 92 %
Oxydes de didyme et de lanthane	7 93
Oxydes de zirconium et d'yttrium	13 98
Oxyde de thorium	1 48
Oxyde de glucinium	1 25
Oxyde de plomb	traces
Oxyde de fer	1 83
Alumine	1 62
Chaux	1 20
Acide tantalique	0 66
Acide titanique	4 67
Acide phosphorique	18 38
Silice	6 40
Divers non déterminés et pertes	7 72
	100 00

En général, d'ailleurs, la proportion d'oxyde de thorium est plus élevée ; elle varie de 1 à 6 %, et atteint exceptionnellement de 10 à 12 %. La quantité totale de minerai reconnu dans l'État d'Espirito-Santo est estimée à quelque 16,000 tonnes.

Il reste, pour compléter ce résumé des minéraux exposés par le Brésil, à mentionner les produits de carrières : pierres à chaux et ciment de Minas-Geraes, exposés par D. AMELIA DA SILVA RAMOS ; marbres de Carandahy (Minas-Geraes), et de Rio-Grande-do-Sul, exposés par l'INTENDENCIA DE CAÇAPAVA ; diabases polis de Minas-Geraes, exposés par le Dr ALMEIDA GOMÈS ; marbres de Parana, exposés par M. BRAULIO W. LIMA ; granits de Rio-Grande-do-Sul, exposés par M. FRANCISCO LOPES ; mica de Bahia et de Minas-Geraes, en petits échantillons de 15 × 25 centimètres ; talc de Minas-Geraes ; ocres de São-Paulo, exposés par MM. PEREIRO et NELSON ; serpentines chromifères de Minas-Geraes ; cristal de roche, améthystes, agathes, chalcédoines de Rio-Grande-do-Sul, exposés par M. JOAO ALVES, par l'INTENDENCIA DE PORTO ALEGRE, etc... Citons enfin des échantillons de sel marin provenant de Rio-de-Janeiro, de Parahyba, du Rio-Grande-del-Norte ; et de nombreuses eaux minérales.

GROUPE 117. — L'Exposition brésilienne du Groupe 117 était à peu près insignifiante, et ne comprenait que quelques photographies de mines et quelques cartes envoyées par la mine d'or S. JOHN DEL

Rey Gold mining C°, de Minas-Geraes, l'Usine Wigg (mines de manganèse), de Minas-Geraes, etc...

Bulgarie.

L'Exposition de cet État, réunie dans le Palais des Industries diverses, à la Section bulgare, était fort peu importante et se réduisait à quelques échantillons de charbon, de minerais de cuivre et de manganèse, de marbres, granits, syénites, exposés dans le Groupe 116 par le Ministère de l'agriculture et quelques particuliers.

Canada.

L'Exposition canadienne occupait un emplacement important dans les blocks 54 et 64. Elle consistait surtout, comme celle du Brésil, en une collection fort complète des richesses minérales du pays, présentée tant par le Gouvernement que par divers exploitants et portait par conséquent, principalement sur le Groupe 116.

Groupe 116. — L'industrie minière s'est considérablement développée au Canada, au cours des dernières années du siècle écoulé. Alors qu'en 1891, le recensement officiel mentionnait 13,417 ouvriers mineurs dans l'ensemble de la colonie, celui de 1901 en accusait 38,077, non compris le Yukon, qui viendrait ajouter au chiffre précédent tous ses chercheurs d'or. La valeur annuelle de la production minérale totale, qui était en moyenne de 6 millions de dollars en 1893, atteignait 22 millions de dollars en 1903. Cet accroissement rapide a surtout porté sur l'extraction du charbon, du cuivre et de l'or.

Il existe au Canada quatre bassins houillers : bassin de Nouvelle-Écosse et Nouveau-Brunswick ; bassin des Territoires du Nord-Ouest ; bassin des Montagnes-Rocheuses ; bassin de la Colombie britannique ou du Pacifique.

Le premier comprend les principaux districts du Cap-Breton, de Pictou et de Cumberland, qui fournissent respectivement 70 %, 13 % et 11 % de la production totale du bassin ; cette dernière a atteint, en 1903, 5,255,247 tonnes. Les veines ont, dans le district du Cap-Breton, une épaisseur de 5 à 9 pieds ; dans celui du Pictou, 6 à 34 pieds 1/2. L'abatage se fait ordinairement au pic, les haveuses étant encore peu répandues au Canada. Le charbon est généralement gras, de dureté moyenne. Les analyses suivantes donneront une idée de sa composition, d'après des échantillons exposés :

MINE	LOCALITÉ	DISTRICT	PUISSANCE de la couche	COMPOSITION POUR 100				
				Carbone fixe	Matières volatiles	Soufre	Cendres	Eau
Sydney . . .	Sydney	Cap-Breton	»	57 01	36 30	»	5 08	1 54
id.	id.	id.	2 m 00	61 50	31 14	»	4 32	3 04
Caledonia . .	Glace-Bay	id.	3 10	80 18	13 61	0 56	2 30	3 35
Drummond..	Westville	id.	2 20	55 39	33 52	0 58	10 50	»
Intercolonial.	»	Pictou	»	60 08	29 40	»	9 00	1 52
Spring-Hill .	»	Cumberland	»	62 78	28 55	»	4 32	3 66

Le bassin houiller des Territoires du Nord-Ouest s'étend au pied des Rocheuses, du 49ᵉ parallèle jusqu'à la Peace-River, sur une longueur de 500 milles et une largeur de 100. Il faut y ajouter un bassin de lignites allongé à l'est jusqu'à la Souris-River et aux Turtle Mountains, sur une superficie d'environ 15,000 milles carrés. Ces gisements sont encore à peine exploités.

Le bassin des Montagnes-Rocheuses est beaucoup plus réduit comme étendue ; ses principaux districts sont ceux du Cascades-Basin (60 milles carrés), et du Crow's-Nest-Pass ; il renferme du charbon et de l'anthracite. Sa production annuelle est d'environ 500,000 tonnes, dont 20,000 d'anthracite.

L'analyse suivante se rapporte au charbon de Crow's-Nest-Pass :

Carbone fixe. 69 94
Matières volatiles 19 01
Cendres 9 83
Eau 0 91

Le quatrième bassin, dit de la Colombie britannique ou du Pacifique, s'étend sur les îles Vancouver avec les districts de Nanaimo (200 milles carrés) et Comox (300 milles carrés), et les îles Queen-Charlotte (800 milles carrés). Ces dernières fournissent principalement de l'anthracite ; l'île de Vancouver produit au contraire de bons charbons gras ou demi-gras. La puissance totale des couches de Comox est de 29 pieds, la veine la plus épaisse atteignant 10 pieds. Les analyses suivantes représentent la composition de quelques houilles exposées :

MINE	LOCALITÉ	PUISSANCE de la couche	COMPOSITION POUR 100			
			Carbone fixe	Matières volatiles	Cendres	Eau
Fernie	Kootenay	2ᵐ00	69 84	19 01	9 38	0 91
Comox	Cumberland	9 10	68 27	27 17	2 86	1 70
Western fuel Cᵒ	Nanaimo	1 60	59 72	39 95	6 58	2 75
Moyenne de 13 échantillons des charbonnages de Vancouver.	Vancouver	»	52 72	31 70	10 24	1 55

La production houillère de la Colombie britannique, qui n'était que de 90,000 tonnes en 1874, s'est élevée, en 1903, à 1,660,000 tonnes.

La province d'Ontario produit de la tourbe d'assez bonne qualité, utilisée pour le chauffage après compression. Quelques échantillons de ces comprimés étaient exposés, sous forme de cylindres de 6 centimètres de diamètre et 6 centimètres de hauteur.

En résumé, la production de charbon des différentes provinces canadiennes s'est élevée, dans l'ensemble, pour l'année 1903, à 7,996,634 tonnes, représentant une valeur de 15,957,946 dollars. En 1890, elle n'était que de 3,084,682 tonnes, valant 5,676,247 dollars ; elle a donc presque triplé au cours des douze dernières années.

Un autre combustible minéral, le pétrole, fait au Canada l'objet d'une exploitation assez importante. Le tableau suivant en résume les résultats pour l'année 1900.

PÉTROLES ET SOUS-PRODUITS	PRODUCTION Gallons impériaux de 4 litres, 543	VALEUR Dollars	
Naphte cru.	16,640,338	1,024,597	
Huiles lampantes	7,096,073	793,426	
Benzine.	832,153	126,052	
Huiles de chauffage.	1,968,172	122,074	1,451,756
Huiles de graissage	2,614,313	280,449	
Paraffine	2,673,806	129,755	

L'exploitation des minerais métalliques a suivi, comme celle des combustibles minéraux, une marche rapidement ascendante.

Les gisements de fer ont été longtemps peu exploités, faute de combustible. Le développement de l'extraction de la houille a eu pour résultat de leur donner une nouvelle activité dans ces dernières années. En 1884, le Canada importait 64 % de sa consommation en fonte et fer ; en 1900, cette consommation se traduisait par 167,169 tonnes, dont 39 % importés. En 1902, elle atteignait 384,718 tonnes, dont 11 % seulement provenaient de l'importation, le reste étant fabriqué dans les usines du pays. Les gisements sont variés et disséminés. L'Ontario produit surtout des minerais magnétiques ; il en est de même de la Colombie britannique, où les minerais atteignent une teneur en fer de 68 4 % (île Texada). L'hématite se rencontre un peu partout et dans un grand nombre de formations géologiques, du Lias au Laurentien ; il en existe de beaux gisements au New-Brunswick. La limonite est aussi très répandue. La province de Québec produit des minerais de fer chromé (Black Lake, Megantic County) et de fer titané (Comté de Saguenay).

Le manganèse se rencontre en Nouvelle-Ecosse, et dans le district d'East River, etc... De beaux échantillons de pyrolusite figuraient à l'Exposition.

La Colombie britannique exposait quelques spécimens de blende argentifère. Cette province est également le principal siège de l'extraction du plomb, qui se présente en général sous forme de galène plus ou moins argentifère. Les Slocan mines en exposaient d'assez beaux échantillons. On rencontre également quelques gisements de plomb dans les provinces de Nouvelle-Ecosse, Nouveau-Brunswick et d'Ontario. Cette dernière avait envoyé à Saint-Louis de la galène et de l'argent natif. On aura une idée du développement récent de l'exploitation du plomb au Canada en constatant qu'en 1890 l'extraction du minerai ne dépassait pas 5 tonnes, et qu'elle atteignait subitement 35,000 tonnes en moyenne les trois années suivantes. Quant à l'argent, il provient principalement de la Colombie britannique, et en petites quantités des provinces d'Ontario et de Québec. Sa production, en 1901, pour la Colombie, était de 5,151,333 onces, à peu près les 3/4 de la production canadienne totale.

Le cuivre est une des principales richesses de la Dominion. Il se rencontre à l'état natif sur la rive du Lac Supérieur, où il forme la continuation des célèbres gisements américains du Michigan. On le trouve également en minerais sulfurés, dans la province d'Ontario, au nord-est du lac Huron, dans celle de Québec ; il a été récemment reconnu en Colombie britannique, dans le district Nelson de West Kootenay, mais le minerai est pauvre en cuivre et vaut surtout par l'or et l'argent qu'il contient. La production cuprifère totale du Canada était, en 1890, de 6,013,671 livres ; elle a atteint 43,281,151 livres en 1903. De nombreux échantillons de minerais figuraient à l'Exposition : chalcopyrite, pyrrhotite, bornite, d'Ontario et de Québec ; cuivre natif de Cap d'Or (Nouvelle Ecosse) ; malachite et tétraédrite, de Colombie britannique (Slocan mines), etc...

Le Canada est avec la Nouvelle-Calédonie le principal producteur de nickel dans le monde. Les gisements de ce métal ont été découverts par hasard à Sudbury, dans l'Ontario, lors du percement d'un tunnel pour le passage du Canadian Pacific Railway. L'exploitation a commencé il y a 13 ans ; l'extraction totale, fin 1903, atteignait 67 millions de livres (poids), celle de l'année 1903 seule était de 12,500,000 livres. Le minerai est une pyrrhotite nickélifère, dont l'Ontario avait envoyé de beaux spécimens. Le même État exposait aussi des minerais cobaltifères récemment découverts dans le district de Nipissing, smaltite, érythryte, arsénopyrite, etc... Leurs échantillons présentaient les compositions suivantes :

Nickel.	7 %	26,64 %
Cobalt.	6,7 »	16, 6 »
Arsenic	6,9 »	45,64 »

L'antimoine était représenté par des échantillons de stibine aurifère exposés par les WEST GORE MINES, de Hants County (Nouvelle-Ecosse).

L'or, enfin, a été reconnu dans presque toutes les provinces canadiennes, mais son exploitation n'a d'importance qu'en Nouvelle-Ecosse, en Colombie britannique, et dans le Yukon (district du Klondike). La découverte du métal précieux en Nouvelle-Ecosse remonte à 1862 ; il se rencontre dans des filons de quartz. Au début, les procédés de traitement ne permettaient pas d'utiliser de minerai tenant moins de 12 dollars d'or à la tonne ; en 1903, la teneur moyenne était descendue à $ 5,17 par tonne, ce qui correspond à environ 9 grammes. La production totale de la province depuis 1862 a été de 16,500,000 dollars d'or ; la moyenne des 5 années 1899-1903 s'est chiffrée par 556,000 dollars par an.

Le commencement de l'extraction de l'or en Colombie britannique remonte également à 1862. Après avoir d'abord augmenté assez vite, la production décrut de 1882 à 1893 où elle tomba à $ 379,000. A partir de cette année, un accroissement continu et très rapide vint à se manifester : la production atteignait un million de dollars en 1895, deux millions en 1897, quatre en 1899, cinq en 1901, six en 1903.

Le Yukon a débuté comme producteur d'or en 1885. Mais les gisements célèbres du Klondike sont de découverte beaucoup plus récente. En 1897, la production du district n'était encore que de 300,000 dollars. La moyenne des quatre dernières années a atteint 17 millions de dollars par an.

De nombreuses mines exposaient des échantillons de quartz aurifères, parmi lesquels on peut citer ceux des districts de Rainy-River, Thunder Bay, Goldenville, Brookfield, Guysborough, Halifax, en Nouvelle-Ecosse ; des mines de Grand Forks, en Colombie britannique. Des pépites d'alluvions représentaient le Yukon.

Cette Exposition des richesses minérales canadiennes était complétée par de nombreux échantillons de produits de carrières et de minéraux utilisés pour l'agriculture et l'industrie : sel gemme de l'Ontario, où les couches de ce chlorure couvrent plus de 2,000 milles carrés, avec cent pieds de puissance au centre ; sulfate de baryte des Comtés de Pictou et d'Inverness (Nouvelle-Ecosse), célestite de l'Ontario ; phosphates de chaux de Templeton (Québec), apatites et feldspaths de Québec et d'Ontario ; magnésite de Greenville, comté d'Argenteuil (Québec) ; gypse de Paris, dans l'Ontario, où les bancs de pierre à plâtre s'étendent sur 150 milles du Niagara au lac Huron ; gypse d'Albert-County (Nouveau-Brunswick) et de Wentwoorth, Hants County (Nouvelle-Ecosse) ; graphite, avec molybdénite et scheelite, des provinces de Québec, d'Ontario (Black Donald mine, Renfrew County), de la Colombie britannique ; amiante, dont les gisements se trouvent en général dans les serpentines, très répandues au Canada, particulièrement dans les districts orientaux de la province de Québec ; les mines de Black Lake (Megantic County) en exposaient de beaux échantillons, bruts ou manufacturés en toiles, en enveloppes calorifuges, en cordes, en papier (pesant de 7 à 16 livres par 100 pieds carrés). La production d'amiante n'était en 1880 que de 380 tonnes, valant 24,700 dollars ; en 1903, la seule exportation a atteint 30,651 tonnes, représentant une valeur de 955,405 dollars ; c'est une grande partie de la production mondiale de ce produit. Citons encore : les beaux échantillons de mica, en feuilles de 1 à 2 mètres de longueur sur 30 à 50 centimètres de largeur, provenant de la mine de Sydenham, comté de Frontenac (Ontario), et exposés par la GENERAL ELECTRIC Cᵒ, en même temps qu'un bloc de mica de 1,200 livres; les talcs de l'Ontario; les émeris, façonnés en meules et pierres à aiguiser, provenant de la Craig mine (Renfrew County, Ontario); les pierres lithographiques de Madoc (Hastings County, Ontario; les marbres des provinces de Québec et d'Ontario; les porphyres, les granits, les grès, etc... employés pour la construction, exposés par la plupart des provinces; les agates, les améthystes, provenant du lac Supérieur, etc..., etc.

GROUPE 117. — Le Groupe 117 était peu représenté dans l'Exposition canadienne; à citer seulement un modèle du district aurifère de Goldenville, exposé par MM. E.-R. FARIBAULT, A.-J. ROBERT et G. SURREY, d'Ottawa.

Ceylan.

L'Exposition de Ceylan, située au block 23, était peu variée. Un certain nombre d'exposants de Colombo et de l'intérieur avaient envoyé des échantillons de graphite, de mica, d'émeris et quelques gemmes, particulièrement des saphirs.

Le gouvernement exposait au Groupe 117 un modèle de puits pour l'exploitation d'un gisement de plombagine.

Chine.

Il y a également fort peu de chose à dire de l'Exposition chinoise, réunie dans le Palais des Arts Libéraux. Une COMMISSION PROVINCIALE D'HUPEH avait envoyé quelques échantillons de charbon et de coke, auxquels le PEKING SYNDICATE LIMITED joignait des spécimens d'anthracite des provinces de Shansi et de Honan. Des échantillons de pierre à chaux et à ciment, de marbres, d'argiles ordinaires et réfractaires représentaient l'industrie des carrières.

Cuba.

La République cubaine exposait dans le block 4 du Palais des Mines, non loin de la Section française.

GROUPE 116. — Il convient de citer dans le Groupe 116 plusieurs échantillons de minerai de fer présentés par la SPANISH AMERICAN

Iron C°, de Santiago; ces hématites, provenant du district de Dalquiri, offraient les compositions suivantes :

COMPOSITION POUR 100

	FER MÉTALLIQUE	SILICE	PHOSPHORE	SOUFRE	CUIVRE
Mine Elvira	55,2	15,7	0,027	0,03	»
Mine Magdalena . . .	62,0	8,8	0,016	0,09	0,49

D'autres hématites, des mines de Trinidad et de Lola, correspondaient aux analyses ci-après :

COMPOSITION POUR 100

	FER MÉTALLIQUE	SILICE	PHOSPHORE	SOUFRE	CUIVRE
Mine de Trinidad . .	57,2	8,6	0,018	0,04	»
Mine de Lola	62,3	8,3	0,021	0,05	0,46

Le Secrétariat de l'Agriculture exposait des pyrolusites de la mine Sultane (Santiago), à 60 °/₀ de manganèse, et de la mine de Vencedora, à 55,60 °/₀ de ce métal.

M. B.-B. Duncan, de Santiago, les Mines El Cobre, de Santiago, M. Daniel Costa Abad, de Manzanillo, la Société La Maruca, de Santiago, etc..., exposaient des minerais de cuivre, parmi lesquels une chalcopyrite à 15 °/₀ de cuivre de la Mina Grande.

L'industrie des carrières était représentée par quelques échantillons de marbre, et des asphaltes exposés par la Cardenas Asphalt C°, de Cardenas, MM. Fennel, Smith et Rovirosa, de la Havane, etc...

Groupe 117. — Au Groupe 117 figurait une carte minéralogique de la province de Santiago, exposée par Medina de Pomar, Mariano.

Allemagne.

L'Allemagne avait installé une belle et importante Exposition au Palais des Mines, dans le block 33. De nombreux exposants du Groupe 116 présentaient en outre leurs envois dans les Sections allemandes des autres palais.

Groupe 115. — La principale Exposition allemande du Groupe 115 était celle de MM. Friemann et Wolf, de Zwickau.

Cette maison, bien connue par les lampes de sûreté qu'elle fabrique à l'usage des mines, présentait dans des vitrines un nombre considérable de ces appareils et des accessoires de lampisterie servant à leur manipulation, à leur entretien et à leur réparation éventuelle.

Il convient de citer en première ligne, dans cette très complète et très intéressante exhibition, la lampe de sûreté Wolf à essence de pétrole, dont plus de 500,000 ont été livrées à l'industrie houillère depuis sa création et dont la vente annuelle se tient dans les environs de 12.000 appareils. Cette lampe, dont la description, d'ailleurs bien connue, ne saurait entrer dans le cadre de ce rapport, est caractérisée par l'emploi comme combustible du naphte déodorisé à 70°, la protection par tamis et cuirasse, avec alimentation d'air par le haut ou par le bas suivant les modèles, une fermeture magnétique, et l'adjonction d'un rallumeur à rubans de friction. Les constructeurs annoncent une consommation, par poste, et pour un pouvoir éclairant d'une bougie, de moins de 0 lit. 150 de pétrole. Un relevé fait par la Compagnie des mines de Frankenholz, sur une période de 12 mois et un effectif moyen de 850 à 900 lampes, donne la dépense moyenne suivante, par lampe et par poste :

	Cents.
Consommation de pétrole à 3 1/6 cents par livre anglaise (0 fr. 362 par kilogramme).	0,4324
Consommation de rubans-rallumeurs	0,1426
Remplacement des manchons de verre.	0,1200
Remplacement de tamis	0,0082
Diverses pièces de rechange	0,0792
Total	0,7824
soit 0 fr. 0407	

Les mêmes fabricants exposaient d'autres types de lampes de sûreté : lampes Wolf, Mueseler, Mueseler type belge, grandes lampes pour éclairage fixe, d'une puissance de 3 à 10 bougies, etc... : indicateurs de grisou Pieler et Chesneau ; lampes-signaux spéciales pour levés souterrains, etc... Mais leurs appareils les plus originaux étaient leurs lampes électriques et à acétylène. Ces dernières sont du type Wolf-Stuchlik. Une ingénieuse fermeture hydraulique empêche tout excès de pression du gaz produit, en même temps que la mobilité du réservoir d'eau suivant la verticale permet de régler à volonté le dégagement d'hydrocarbure. En baissant convenablement la flamme (ce qui se fait aisément au moyen d'une vis de réglage), on peut déceler par l'auréole la présence de 1 % de grisou. Le grand avantage de cette lampe est son intense pouvoir éclairant, qui atteint 8 bougies. Son double inconvénient est son poids : 1 kil. 670, supérieur d'environ 400 grammes à celui des lampes ordinaires ; et le prix d'entretien : environ 1 cent. 25 (0 fr. 065), par poste de 9 heures, pour une consommation de 150 grammes de carbure de calcium ; ce chiffre est sensiblement plus élevé qu'avec les lampes à benzine ou à pétrole.

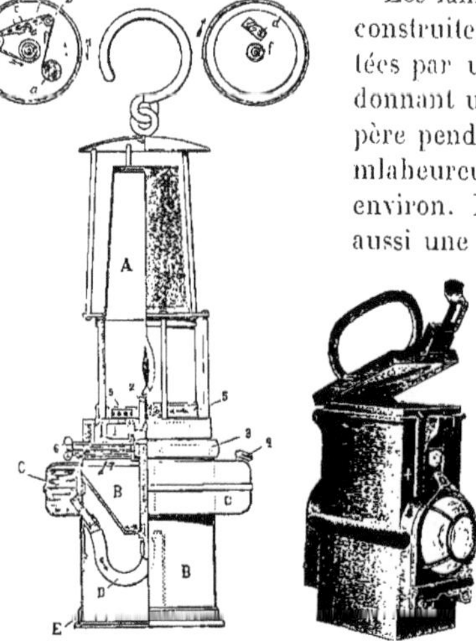

FIG. 12. — Lampe à acétylène Wolf-Stuchlick.

FIG. 13. — Lampe électrique Friemann et Wolf.

Les lampes électriques exposées sont construites en aluminium et alimentées par un accumulateur de 4 volts, donnant un courant de 0,5 à 0,6 ampère pendant 14 heures. Leur poids est mlaheureusement élevé : 2 kil. 500 environ. Les constructeurs établissent aussi une lampe à 2 ampoules lumineuses, dont une seule est allumée, l'autre servant de rechange en cas de mise hors de service de la première (ce qui se produit en moyenne au bout de 100 ou 150 heures de fonctionnement) ; ces appareils doubles pèsent 2 kil. 720.

L'Exposition de MM. FRIEMANN et WOLF était complétée par divers appareils de lampisterie : installations d'essai et de contrôle, machines pour le nettoyage des lampes, outils pour réparation, etc...

Je citerai encore dans le Groupe 115, les appareils respiratoires pour sauvetages en atmosphère délétère, exposés par la firme DRÄGERWERK, de Lübeck. L'attirail complet, qui s'attache sur le dos au moyen de courroies, comprend essentiellement une provision d'oxygène pour une ou deux heures, un récipient à potasse pour l'absorption de l'acide carbonique, une bouteille refroidissante où l'air régénéré, échauffé par la formation chimique de carbonate potassique, reprend une température normale ; il peut être complété par un masque abritant complètement la figure et protégeant notamment les yeux contre les fumées, etc...

GROUPE 116. — L'Exposition allemande du Groupe 116 n'était représentée par aucune houillère ni mine métallique ; elle était donc

d'importance secondaire et d'ailleurs disséminée un peu partout. Les
envois les plus nombreux étaient les échantillons d'eaux minérales
d'Apollinaris, de Rosbach, d'Ems, etc..., réunis pour la plupart dans
le Palais de l'Agriculture, où se trouvaient aussi des collections minéralogiques envoyées par le Musée royal géologique de Berlin et par

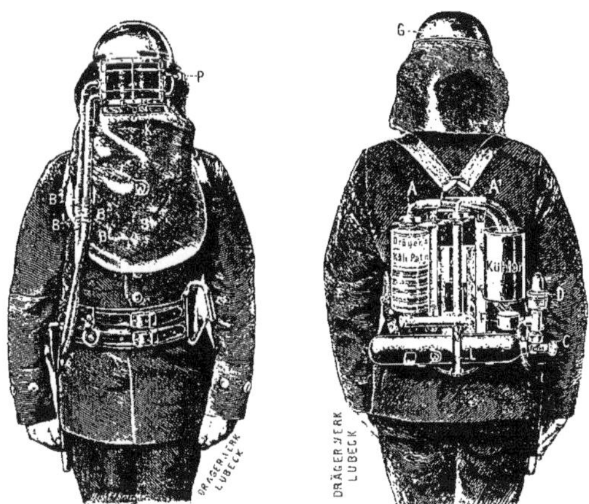

Fig. 14 et 15. — Appareil respiratoire de la firme Drägerwerk.

le Gouvernement impérial de l'Afrique orientale allemande. Mentionnons aussi quelques spécimens d'argiles exposés par MM. Gundlach
et C°, Schlippach, qui représentaient l'industrie des carrières.

Groupe 117. — De très beaux modèles de mine contribuaient,
dans le Groupe 117, à la décoration de la Section allemande. Il convient de citer spécialement le modèle de carreau de mine de la compagnie houillère d'Hibernia, le modèle du bassin westphalien du
comité des houillères de Westphalie, les photographies envoyées par les
houillères de Gelsenkirchen, etc... Des cartes géologiques envoyées par
l'administration du grand-duché de Bade, par l'administration royale
prussienne, etc... complétaient à un point de vue plus technique cette
intéressante Exposition.

Angleterre.

La Section anglaise occupait le block 53 du Palais des Mines.

Groupe 115. — Dans le Groupe 115 ne figurait qu'un modèle de crochet de sûreté pour bennes, exposé par MM. Hainsworth, de Hull.

Groupe 116. — Le Groupe 116 était représenté de manière beaucoup plus importante. En première ligne, venait une Exposition collective présentée par le Département des mines du Home Office, et englobant toute l'industrie minière des Iles britanniques, figurée par des échantillons de chaque richesse minérale : houilles de Cardiff, du South Wales, de Newcastle, de Nottingham, etc...; minerais de fer, de cuivre, de zinc, etc....; ardoises de Festiniog, de Carnarvon, granits de Cornouailles et de Galles, etc... Le tout occupait beaucoup de place et donnait surtout une idée de la variété des produits miniers anglais. Le Département de l'Agriculture, de Dublin, exposait de son côté une collection analogue de minéraux et de matériaux de construction irlandais. La Compagnie britannique de l'Afrique du Sud présentait une intéressante vitrine de minéraux aurifères, de minerais de cuivre, de fer, d'échantillons de charbons, etc... de la Rhodesia. Cette colonie se développe de plus en plus au point de vue minier. En ce qui concerne l'or, l'exploitation régulière du métal précieux n'a commencé que fin 1898 ; la production aurifère a été successivement de 23,000 onces depuis l'origine jusqu'au 31 décembre 1898, 50,742 en 1899, 85,300 en 1900, 172,035 en 1901, 194,170 en 1902, représentant pour cette dernière année de la statistique une valeur d'une vingtaine de millions de francs.

Groupe 117. — Les Board of education, Geological survey and museum, de Londres, exposaient une collection de cartes et de coupes géologiques, les modèles du district d'Assynt, de l'île de Pembeck, des mines de Holmbush, etc... La Geological survey of India avait envoyé une intéressante carte géologique de l'Inde. Des photographies minières exposées par le Département des Mines du Home Office, par la Société marbrière The Harehope mining and Quarrying C°, de Weardale, etc..., complétaient la décoration de la Section anglaise.

Guatémala.

L'Exposition de cet État, installée au pavillon national Guatemalien ne comprenait que quelques spécimens de minerais d'or, d'argent, de cuivre et de plomb, classés au Groupe 116.

Haïti.

La République d'Haïti exposait dans le Palais des Mines au block 3, où le DÉPARTEMENT DE L'AGRICULTURE avait envoyé une collection des produits minéraux du pays.

Les combustibles étaient représentés par des échantillons de lignite dont l'analyse suivante donnera une idée :

Carbone fixe	27,63 %.
Matières volatiles	35,37
Eau	16,95
Cendres	20,65

Il faut mentionner en outre :

Des minerais de cuivre aurifères et argentifères, répondant aux compositions suivantes :

MINE	CUIVRE MÉTALLIQUE pour 100	OR onces par tonne	ARGENT onces par tonne
Germinie	5,25	»	»
Jean Auguste (tunnel n° 1)	11,37	0,04	4,88
Jean Auguste (affleurement et puits)	11,95	traces	0,88
Réserve	19,02	0,04	3,2
Tiza	9,06	0,04	2,80

Des minerais de fer magnétique, dont voici une analyse :

Fer métallique	67,52 %.
Soufre	0,01
Phosphore	0,014
Silice	3,67

Des minerais de manganèse, dont une pyrolusite à 30,15 % de métal, à gangue très siliceuse, provenant du sud de l'île ;

Des quartzites aurifères et platinifères, avec galène argentifère, tenant par tonne 25 grains de platine, 5 onces d'iridium et d'osmium, 2 à 3,5 onces d'argent, 2,5 à 3 grains d'or.

Aucune indication, malheureusement, n'était donnée sur l'importance et l'exploitation de ces gisements.

Honduras.

Le gouvernement du Honduras exposait dans le Palais de l'Agriculture quelques échantillons de charbon et d'asphalte et des spécimens de minerais d'or, d'argent, de cuivre et de fer, sans indication sur leur exploitation.

Hongrie.

L'Exposition hongroise, réunie dans le block 23 du Palais des Mines, à côté de la Section française, contenait surtout des échantillons d'eaux minérales telles que celles de Mattoni, d'Hunyadi Janos, etc..., et quelques spécimens de marbres envoyés par M. Luigi Mazzi, de Budapest. Les mines n'y étaient pas représentées.

Italie.

La Section italienne, située également dans le block 23 du Palais des Mines, était contiguë à l'Exposition française.

Groupe 116. — Dans le Groupe 116, les mines métalliques n'étaient représentées que par quelques échantillons de galène et calamine de la célèbre mine de Monteponi, des spécimens d'ocre et de sulfure d'antimoine pour la fabrication des couleurs, exposés par MM. Auteri frères, de Messine, des minerais de cuivre envoyés par les sociétés Gardella et Cⁱ, de Casazza, et Libiola mine Cⁱ, de Sestri Levante. En revanche, les mines de soufre y figuraient en grand nombre : Anglo-Italian Cⁱ, de Palerme, Blount et Cⁱ, de Palerme, etc... Il en était de même des carrières de marbre, représentées par de nombreux exploitants : Boschette et Cⁱ, de Vicence, Industria marmifera mineraria Elba, de Portoferraïo, Giovanni Lopes, Filippo Lopes, de Palerme, Societa marmifera Nord Carrara, de Rome, etc...

Groupe 117. — Dans le Groupe 117, il convient de citer un plan de la mine de Monteponi, des plans et des photographies des mines de cuivre des Sociétés Gardella et Cⁱ, de Casazza, Libiola mine Cⁱ, de Sestri Levante ; enfin des photographies envoyées par les Écoles des mines d'Iglesias (Cagliari) et de Caltanisetta.

Japon

Le Japon a certainement fait pour l'Exposition de Saint-Louis un grand effort, et son exposition minière pouvait compter parmi les plus importantes et les mieux réussies. Elle occupait au Palais des Mines le block 44.

GROUPE 115. — Le Groupe 115 n'était guère représenté que par des appareils de sondage pour l'exploitation du pétrole, exposés par les NIIGATA IRON WORKS, de Niigataken.

GROUPE 116. — Le Groupe 116 comprenait une très complète exposition des produits miniers de l'Empire. L'industrie minérale japonaise, dont l'origine est fort ancienne, s'est extraordinairement développée dans la dernière moitié du XIXᵉ siècle. Sa production, insignifiante il y a une cinquantaine d'années, atteignait, en 1902, les chiffres suivants :

SUBSTANCES EXTRAITES		PRODUCTION	VALEUR EN YENS (2 fr. 50 environ).
Houille	Charbon gras . .	9,511,899 tonnes.	34,882,639
	Anthracite	149,783 —	357,941
Pétrole cru		995,280 barils.	2,077,840
Graphite		97 tonnes.	19,842
Soufre		18,287 —	441,942
Arsenic.		26,873 livres.	1,686
Or.		143,993 onces.	5,971,390
Argent		1,853,273 —	1,936,752
Cuivre		29,034 tonnes.	13,742,941
Plomb		1,644 —	189,111
Etain		19 —	18,610
Antimoine	raffiné.	528 —	125,208
	cru.	88 —	11,220
Mercure		3,126 livres.	3,072
Fer	fonte.	44,393 tonnes.	1,468,290
	fer forgé	847 —	81,850
	acier.	33,653 —	2,641,760
Pyrites de fer		18,581 —	28,242
Minerai de manganèse. . .		10,866 —	67,010
A reporter			61,065,106

Report		61,065,106
Pierres à bâtir	»	2,485,578
Pierre à chaux	»	1,083,099
Argile	»	1,099,705
Kaolin	»	210,478
Divers	»	196,345
Total		66,140,311

Houille. — La houille exploitée au Japon se rencontre, en général, dans les couches tertiaires. Les principaux bassins sont ceux d'Ishikari (Hokkaïdo), de Chiku-ho, de Miike et de Takashima.

Le premier, long de 50 milles et large de 10, fut exploité par le gouvernement mikadonal de 1883 à 1890, puis passa presque entièrement entre les mains de la Hokkaïdo Tanko Tetsudo Kaisha (Société des charbonnages et des chemins de fer d'Hokkaïdo), qui exposait ses houilles et ses cokes. Les principales mines de la Société sont les mines Yubari (3 couches dont l'une de 25 pieds, avec un pendage de 15 à 20 degrés), et Sorachi (13 couches de plus de 3 pieds chacune, inclinées de 30 à 80 degrés). Le charbon est gras, et assez propre à la fabrication du coke. La production des mines de Yubari atteint 1,500 tonnes par jour, avec 4,000 ouvriers ; les mines de Sorachi et de Poronai occupent 2,000 ouvriers et produisent ensemble 500 à 600 tonnes par jour.

Le bassin de Chiku-ho, comprenant les deux districts de Chikuzen et de Buzen, produit à lui seul plus de la moitié de l'extraction houillère totale du Japon. Il mesure 30 milles de longueur Nord-Sud et 8 à 16 milles de largeur Est-Ouest. Les couches, au nombre de 5, présentent une épaisseur de 3 à 6 pieds. L'Association des houillères de Chikuzen et Buzen, de Fukuoka-Ken, exposait quelques spécimens de ses charbons lavés : criblés à 1 centimètre et fines. La Mitsui Kozan Kaisha (Compagnie minière Mitsui) exposait de son côté des charbons de la houillère Yamano (Chikuzen) répondant aux analyses suivantes :

	COUCHE DE 5 PIEDS (au toit.)	COUCHE DE 8 PIEDS (au mur.)
Carbone fixe	46,04	47,90
Matières volatiles . .	44,39	41,13
Eau	2,99	3,06
Cendres	6,59	6,78
Soufre	0,72	1,60
Pouvoir calorique . . .	7,260 calories.	7,150 calories.

La production de cette mine a été, en 1903, de 151,288 tonnes.

La Société Furukawa Junkichi, de Tokio, exposait des charbons de sa houillère de Katsuno (Chikuzen), offrant la composition ci-après :

	COUCHE DE 4 PIEDS	COUCHE DE 5 PIEDS
Carbone fixe	50,64	51,98
Matières volatiles . .	44,04	44,92
Eau	1,42	0,70
Cendres.	3,90	2,40
Soufre.	0,188	0,182
Pouvoir calorique. . .	8,635 calories.	8,910 calories.
Poids spécifique. . . .	1,270 —	1,250 —

La production de cette mine est annuellement de 360,000 tonnes.

Le bassin de Miike mesure 3 milles et demi de l'Est à l'Ouest et 10 milles du Nord au Sud ; sa production, en 1902, a été de 962,091 tonnes. On n'y exploite guère que la couche supérieure, dont la puissance varie de 5 à 25 pieds avec une moyenne de 8 pieds ; son pendage est de 5 degrés et demi. Il existe plus bas une couche de 5 pieds, de qualité inférieure. Le bassin appartient aujourd'hui à l'importante Société Mitsui Kozan Kaisha (Compagnie minière Mitsui), de Tokio, qui exposait ses charbons et ses cokes, avec des minerais qu'elle exploite par ailleurs. Le charbon produit est gras, et répond en moyenne à la composition suivante :

Carbone fixe	53,217
Matières volatiles .	40,100
Eau	0,350
Cendres.	6,333
Soufre.	2,282
Phosphore	Traces légères.
Pouvoir calorifique . .	8,140 calories.
Poids spécifique	1,275 —

Il peut donner, par tonne, 11,033 pieds cubes de gaz et 1,297 livres de coke.

Le bassin de Takashima enfin est exploité depuis 1881 par la Société Mitsu-Bishi, de Tokio. Il embrasse les trois îles de Takashima, Hashima et Yokoshima, situées à environ 7 milles marins du port de Nagasaki. Sa superficie totale couvre 2,430 acres, et sa production annuelle dépasse 200,000 tonnes, avec un personnel de 3,000 ouvriers dont 1,550 au fond. Les couches sont au nombre de 16 à Takashima, dont 5 exploitables, avec des puissances de 3 à 18 pieds, et de 13 à

Hashima dont 6 exploitables, avec des épaisseurs de 3 à 10 pieds ; leur pendage varie de 20 à 50 degrés dans la première mine, et atteint 60 à 70 degrés dans la seconde. Les galeries d'exploitation ont dû être poussées sous la mer, et certains travaux descendent aujourd'hui à 1,630 pieds au-dessous du niveau de l'Océan. Les charbons produits offrent les compositions suivantes :

	Carbone fixe	Matières volatiles	Eau	Cendres	Soufre	Poids spécifique
Couche du toit (8 pieds). . . .	55,50	39,88	1,22	3,40	0,25	1,252
Couche Goma (5 pieds)	54,38	42,08	1,10	2,44	0,11	1,243
Couche Banto (5 pieds)	59,07	37,15	1,45	2,33	0,12	1,252
Couche de 18 pieds	59,94	36,95	1,10	2,01	0,10	1,253

Pétrole. — Le pétrole n'est sérieusement exploité au Japon que depuis 1890. Il se rencontre dans des formations tertiaires, et son principal centre de production est la province d'Echigo, avec les cinq bassins de Higashiyama, Nishiyama, Amaze, Niitsu et Kubiki, dont les deux premiers sont les plus importants, le dernier étant d'exploitation toute récente. Les couches pétrolifères de Higashiyama sont des grès blancs dont la profondeur varie de 600 à 960 pieds ; celles de Nishiyama et d'Amaze sont des schistes et des grès, les premières, à 600 pieds, les secondes descendant jusqu'à 2,562 pieds de profondeur.

Le bassin de Nishiyama a produit, en 1902, 460,000 barils, celui de Higashiyama 265,000, celui de Niitsu 186,000, celui d'Amaze 50,000 à 60,000, celui de Kubiki 28,000. Plusieurs Sociétés, INTERNATIONAL OIL Cᵒ, JAPAN PETROLEUM Cᵒ, etc., se partagent cette exploitation. La JAPAN PETROLEUM Cᵒ, de Niigataken, présentait comme suit le bilan de sa production annuelle :

MINE	PRODUCTION ANNUELLE EN BARILS	DEGRÉS BAUMÉ	POIDS SPÉCIFIQUE	OBSERVATIONS NATURE ET USAGES DES PRODUITS COMMERCIAUX OBTENUS
		PÉTROLES CRUS		
Amaze	1,429 »	41,1	0,8209	Essence et beaucoup d'huile lampante.
Nagamine (Nishiyama). . .	245,517,6	37,8	0,8434	Huile lampante et huile de graissage.
Urase (Higashiyama). . . .	30,497,98	30,5	0,8781	Essence. Peu d'huile lampante.
Niitsu	30,724 »	18,3	0,9485	Huile de graissage.
Maki	16,480,8	46,70	0,7810	Essence et huile lampante.
Akita.	»	»	»	Mine encore inexploitée.
Ishikari	»	35,4	0,8511	Essence, huile lampante, huile de graissage.
Eushu	»	42,1	0,8162	Essence, huile lampante, paraffine.
Total. . .	324,649,38			
NATURE DES PRODUITS		PRODUITS RAFFINÉS		
Benzine	973,3	77,0	0,6789	Moteurs à pétrole, éclairage.
Huile lampante.	98,213 »	43,5	0,8144	Éclairage ordinaire.
Huile demi-lourde (230° Fal=.)	40,774,8	28,2	0,8844	Éclairage de sûreté des mines.
Huile lourde	109,656,85	15,5	0,9680	Graissage, chauffage.
Vaseline (point de fusion à 104° Fahr.)	»	»	»	(Fabrication toute récente).
Graisse pour essieux (point de fusion à 190° centigrades).	5,443,25	18	0,9466	Graissage des essieux.
Huile à machine	3,888 »	19,5	0,9434	Graissage.
Huile à machine pour climats froids	783,40	18,8	0,9518	id.
Huile pour dynamos . . .	1,943,86	18,5	0,9498	id.
Huile à cylindres.	1,166,13	18,5	0,9498	id.
Huile à valves et cylindre à haute pression	388,39	16	»	id.
Huile pour cuirs	»	»	»	(Fabrication récente).

La Compagnie, fondée en 1888, accuse pour la période finissant en 1902, la production totale suivante :

Pétrole cru . . . . 937,430,24 barils.

Produits raffinés . { Huiles lampantes . . . 512,360,90 —
{ Huiles de graissage . . 43,622,14 —
{ Huiles de chauffage . . 325,439,89 —

Sa raffinerie, la plus importante du Japon, est située à Kashiwazaki, à 11 milles du champ pétrolifère de Nazamine (Nishiyama).

On aura une idée de la rapidité du développement de l'industrie du pétrole au Japon, en constatant que la longueur des pipe-lines établies n'était que de 38 milles en 1898, et qu'elle a atteint successivement les chiffres de 63, 120, 153 et 218 milles en 1899, 1900, 1901 et 1902.

Mines métalliques. — Les principales mines métalliques du Japon sont celles de cuivre, d'or et d'argent, le fer venant en seconde ligne, et la production des autres métaux étant à peu près insignifiante. Elles étaient représentées par divers exposants.

La Société FUJITA ET Cᵒ, d'Osaka, exposait les produits de sa mine d'Osaka, située dans la province de Rikuchiu, au Nord du Japon. La concession, d'une superficie de 120 hectares, contient un amas d'une puissance maximum de 600 pieds d'où l'on retire les minerais suivants :

Sulfure complexe de zinc et cuivre, à gangue barytique, tenant 2,2 % de cuivre, 0,018 % d'argent, 0,000130 % d'or ;

Chalcopyrite à 1,87 % de cuivre, 0,004 % d'argent, 0,000030 % d'or ;

Minerai à gangue siliceuse, tenant 1,8 % de cuivre, 0,003 % d'argent, 0,000020 % d'or.

La production annuelle, obtenue avec un personnel de 750 ouvriers au fond et 4,120 au jour, est de 2,000 tonnes de cuivre électrolytique, 3,000 tonnes de cuivre brut, 4,800 onces d'or, 480,000 onces d'argent, le tout représentant une valeur de 3,153,000 yens (environ 7,882,000 francs).

La Société FURUKAWA JUNKICHI, de Tokio, déjà mentionnée pour son Exposition de charbons, présentait les minerais extraits de ses mines de cuivre et d'argent, dont le tableau suivant résume la situation.

MINE (et province où elle est située)	SUPERFICIE de la concession en hectares	NATURE DU MINERAI	TENEUR MOYENNE du minerai enrichi passant au traitement	PRODUCTION ANNUELLE		NOMBRE D'OUVRIERS	
				cuivre (tonnes)	argent (onces)	an fond	au jour
Ani . . . . (Ugo)	850	Oxydes et carbonates à la surface, sulfures en profondeur	15 % de cuivre	1,072	»	1704	200
Ashio . . . . (Shimotsuke)	620	Chalcopyrites à gangue quartzeuses	15 % id.	7,000	»	3040	5563
Kusakura . . (Yechigo)	210	Bornite et chalcopyrite	17 % id.	715	»	580	152
Furokura . . (Rikuchin)	130	Chalcopyrite	12 % id.	246	»	300	150
Innai . . . . (Ugo)	610	Argentite à gangue quartzeuse	pour la fusion 0,45 % d'argent pour l'amalgation 0,07 id.	»	295.200 (argent à 0,6 % d'or)	822	619
Kune . . . . (Totomi)	190	Chalcopyrite intercalée dans des schistes chloriteux	6 % de cuivre	1,800	»	250	100

MINE (et province où elle est située)	SUPERFICIE de la concession en hectares	NATURE DU MINERAI	TENEUR MOYENNE du minerai	PRODUCTION ANNUELLE			NOMBRE D'OUVRIERS	
				cuivre (tonnes)	argent (onces)	or (onces)	au fond	au jour
Arakawa (Ugo)	640	Chalcopyrite et bornite	3,5 % de cuivre	860	»	»	712	359
Hisaichi (Ugo)	260	Chalcopyrite argentifère	4 % de cuivre et 5 ou 7 onces d'argent à la tonne	550	19,000	»	267	234
Ikuno (Tajima) Mine Tasci . .	3,840	Or natif, argentite, chalcopyrite, galène et sphalérite	once 044 à 1 once 44 d'argent once 24 à 51 onces 2 d'or à la tonne	490	188,310	7,527	945	535
Mine Kana-gose		Chalcopyrite, bornite, tétraédrite, galène argentifère	3 à 15 % de cuivre 5 onces 184 à 35 onces 2 d'argent à la tonne					
Mine Wakaba-yoski . . .		Chalcopyrite, bornite						
Mine Kasci . .		Argentite aurifère	onces 4 à 640 onces d'argent onces 032 à 2 onces 768 d'or à la tonne					
Osarusawa (Rikuchiu) .	400	Chalcopyrite et bornite	4 à 10 % de cuivre légèrement aurifère	884	»	170	777	328
Sado (Sado)	1,340	Or natif, argentite et chalcopyrite	1,9 à 3 % de cuivre once 324 à 143 onces 04 d'argent once 220 à 20 onces 768 d'or à la tonne	41	153,000	14,700	645	337
Takara (Kai)	190	Chalcopyrite	2 à 8 % de cuivre	200	»	»	100	150
Yoshioka (Bitchiu) . . .	330	Chalcopyrite	7 % de cuivre onces d'argent à la tonne	600	45,000	»	840	290

La Société MITSU-BISHI, de Tokio, possède, outre ses mines de charbon déjà citées, des mines de cuivre, argent et or, dont elle exposait les produits. Le tableau ci-contre résume les principales données relatives à ces exploitations.

La Société MITSUI KOZAN KAISHA, de Tokio, exposait, outre ses combustibles précédemment cités, les produits de ses mines de plomb et d'argent de Kamioka et Modzumi (province d'Ida), dont les superficies respectives sont de 230 et 180 hectares. Le minerai est en profondeur une galène argentifère à gangue quartzeuse ; à la surface règne une zone d'oxydes et de carbonates. La production de Kamioka, en 1902, a été de 804 tonnes de plomb, 15 tonnes de cuivre et 132,194 onces d'argent ; celle de Modzumi 244 tonnes de plomb, 47 tonnes de cuivre et 27,821 onces d'argent.

Les IMPERIAL STEEL WORKS, de Fukukaken, exposaient des minerais de fer : magnétite, limonite, hématite, etc...

L'Exposition du Groupe 116 était complétée par une intéressante collection minéralogique et paléontologique présentée par le SERVICE GÉOLOGIQUE IMPÉRIAL de Tokio.

GROUPE 117. — Non moins intéressante et complète était l'Exposition du Groupe 117.

Au centre de la Section s'élevait un beau modèle à l'échelle de 1/24 de la recette du puits Manda de la houillère de Miike (île de Kiuschu), appartenant à la MITSUI KOZAN KAISHA, de Tokio, déjà citée. Cette fosse, de création récente, a été calculée pour une extraction quotidienne de 2.000 tonnes, à une profondeur de 896 pieds. La section du puits est rectangulaire et mesure 12 pieds de largeur sur 41 de longueur. Les cages sont à un étage et peuvent recevoir 2 berlines. La machine d'extraction, d'une puissance nominale de 770 chevaux, a deux cylindres horizontaux de 34 pouces de diamètre et 5 pieds de course ; le câble rond, en acier, s'enroule sur un tambour cylindrique de 14 pieds de diamètre, et passe sur des molettes de 17 pieds de diamètre. La durée de la cordée est normalement de 50 secondes, ce qui correspond à une vitesse moyenne de $5^m 46$ à la seconde. L'installation est complétée par une puissante machine d'épuisement. Les eaux de la fosse sont, en effet, très abondantes : pour l'ensemble de la houillère de Miike, l'épuisement atteint 15 tonnes d'eau par tonne de charbon extraite et exige 76 pompes, d'une puissance totale de 15.254 chevaux. La pompe du puits Manda,

du système Davey, a un cylindre à vapeur de haute pression de
45 pouces de diamètre, et un cylindre de basse pression de 90 pouces,
montés en tandem, l'ensemble commandant par bielle coudée un
corps de pompe de 22 pouces, avec une course de 12 pieds. Sa puissance
nominale atteint 682 chevaux et son débit 11,325 litres par minute.

Le modèle de la fosse comprenait en outre un criblage mécanique
complet, dont les principaux organes, commandés par un petit
moteur électrique, pouvaient être mis en mouvement pour le plus
grand intérêt des visiteurs profanes.

Un autre modèle de mine intéressant était exposé par la Société
Mitsu Bishi et C°, de Tokio, mentionnée précédemment. Il représen-
tait en coupe la houillère de Takashima, avec ses galeries plongeant
sous la mer, dont il a déjà été parlé.

L'Association des houillères de Chikuzen et Buzen, de Fukuoka-Ken,
présentait une carte de ses charbonnages, la Société Furukawa-Junki-
chi, de Tokio, un modèle de mine de cuivre, la Société Fujita et C°,
d'Osaka, un diagramme de son exploitation d'Osaka.

Le Service géologique impérial (Chishitsuchosajo), de Tokio, exposait
un modèle du volcan de Bandai avant et après son éruption, et surtout une collection remarquable de cartes topographiques et géologiques du Japon. Cette administration faisait connaître dans une
brochure spéciale son organisation et les services croissants rendus
depuis sa création à l'industrie minière nationale. Ce service, fondé
en 1879, sous les auspices de M. E. Naumann, dépend aujourd'hui
du Ministère de l'Agriculture, et est sous la direction du Docteur
Tadatsugu Kochibe. Il est divisé en quatre sections : la section géologique qui a publié deux séries de cartes géologiques, l'une, de
reconnaissance, au 1/400,000ᵉ, l'autre, détaillée, au 1/200,000ᵉ ; la
section agronomique, qui a dressé des cartes agronomiques
au 1/100,000ᵉ et organisé un important bureau d'essai d'échantillons
de terrains ; la section topographique, au travail de laquelle on doit
la carte du Japon publiée en deux séries de feuilles lithographiées,
au 1/400,000ᵉ et au 1/200,000ᵉ ; la section chimique enfin, qui dirige
un bureau d'essai de roches et minéraux.

Le Bureau impérial des mines, de Tokio, présentait de son côté une
série de diagrammes et de tableaux de l'industrie minière japonaise.

Mentionnons enfin des suites de photographies de mines présentées
par divers exploitants, Imperial Steel Works, de Fukuoka, Japan
Petroleum C°, de Niigata-Ken, etc...

Mexique.

L'Exposition du Mexique occupait un emplacement important aux blocks 24 et 34 du Palais des Mines.

GROUPE 115. — Le Groupe 115 n'était représenté que par un petit modèle de treuil d'extraction, exposé par la COMPANIA INDUSTRIAL MEXICANA, de Chihuahua, et par une installation pour la préparation des coupes minces de roches en vue de l'examen microscopique, exposée par l'INSTITUTO GEOLOGICO, de Mexico.

GROUPE 116. — Les exposants du Groupe 116 étaient extrêmement nombreux et représentaient à peu près toutes les branches de l'industrie minière mexicaine. Malheureusement ils s'étaient généralement bornés à l'envoi d'échantillons minéraux, sans indication d'aucune sorte sur leur gisement et leur exploitation.

Des spécimens de houilles étaient exposés par la COMPANIA CARBONIFERA DE FUENTE, de Ciudad Porfirio Diaz (Coahuila), la COMPANIA CARBONIFERA DE COAHUILA, de Hondo (Coahuila). La DURA MILL MINING Cᵒ, de La Dura (Sonora), la VIUDA DE CIENFUEGOS PETRA SANCHEZ, de Perral (Chihuahua), la MEXICAN COAL AND COKE Cᵒ, de Las Esperanzas, etc...

Le GOUVERNEMENT DE L'ÉTAT DE TABASCO avait envoyé quelques échantillons de pétroles bruts.

Les principales mines métalliques du Mexique sont celles d'argent, d'or et de cuivre, le plomb venant en seconde ligne, et la production des autres métaux reconnus, zinc, mercure, antimoine, étain, etc... étant peu importante ou insignifiante.

De nombreux minerais d'argent avaient été envoyés par l'AGUAS[illegible]Oᵣ du Topamla (Aguascalientes), l'A[illegible]TION, de Parral (Chihuahua) : la COMPANIA MINERA DE REAL DEL MONTE Y PACHUCA, de Pachuca (Hidalgo), une des plus importantes du Mexique, qui exploite de l'argent natif et de l'argyrose à gangue quartzeuse ; la NEGOCIACION DE PROANO, de Fresnillo (Zacatecas), la NEGOCIACION MINERA SANTA GERTRUDA Y GUADALUPES, de Pachuca (Hidalgo) ; la DURA MILL MINING Cᵒ, de La Dura (Sonora) ; la COMPANIA MINERA DE SULTEPEC (Mexico), la COMPANIA MINERA FUNDIDORA Y AFINADORA, de Monterrey (Nuevo-Leon) ; le GOUVERNEMENT DE L'ÉTAT DE SAN-LUIS-POTOSI, etc...

La production annuelle du métal précieux atteignait, en 1899, 1,780,000 kilogrammes pour l'ensemble du Mexique ; en 1903, elle s'est élevée à 2,154,147 kilogrammes, représentant une valeur totale de 196,573,000 francs. Ce chiffre place le Mexique en tête des pays producteurs d'argent, les États-Unis ne venant qu'en seconde ligne.

La production de l'or est moins importante. Elle atteignait, en 1899, 16,600 kilogrammes; elle a été, en 1903, de 16,066 kilogrammes, représentant une valeur de 55,338,000 francs, qui classe le Mexique au septième rang dans les États producteurs d'or. Des échantillons de minerais aurifères étaient exposés par M. José J. Brazon, de Parral (Chihuahua), la Société Candelaria y annexas, de Pinos (Zacatecas), la Compania Inglesa, de Mezquital del Oro (Zacatecas), la Compagnie La Candelaria, Montana de Oro y annexas, Huajicori, Acaponeta, Tepic.; la Compania Restauradora, de Tetela (Puebla), la Société El Oro mining Cº, Limited, d'El Oro (Hidalgo), la Noria mining Cº, de la Noria (Zacatecas), la Compania minera de Sultepec (Mexico), l'Institut géologique de Mexico, etc...

Les mines de cuivre du Mexique produisent annuellement une vingtaine de mille tonnes. Parmi les exposants principaux, il faut citer la Compagnie des mines du Boleo, de Santa-Rosalia (Basse-Californie). Cette Société, fondée en 1885, exploite un gisement de minerais oxydés, combinés parfois avec un peu de fer ou de manganèse, et dont la description, déjà souvent faite dans de nombreuses publications, ne saurait trouver place ici. La Compagnie emploie près de 3,000 ouvriers et extrait en moyenne une dizaine de mille tonnes de cuivre pur. Elle avait envoyé à Saint-Louis d'intéressants échantillons d'oxydes de cuivre noir et rouge, d'atacamite, d'azurite, d'acerdèse, etc...

Mentionnons encore les minerais de cuivre nombreux et variés exposés par l'Aguascalientes metal Cº, d'Asientos (Aguascalientes), la Compania la candelaria, montana de Oro y Anexas, Huajicori, Acaponeta, Tepic, la Negociacion de Proano, de Fresnillo (Zacatecas), le Gouvernement de San-Luis-Potosi, etc...

La Negociacion Cruz y anexas, de Huitzuco, exposait quelques spécimens de cinabre.

L'industrie des carrières était représentée par de nombreux échantillons de pierre à bâtir, exposés par les Ayuntamientos de Acambay (El Oro, Mexico), de Atlacomulco (El Oro, Mexico), de Huitzilan (Tetela, Puebla), de Chalco (Mexico), M. J. Gutierrez, de Ciudad-Victoria (Tamaulipas), les Haciendas del Carro (Noria de Angeles,

Zacatecas), del Refugio (Ojocaliente, Zacatecas), de Santa Rosa (Fresnillo, Zacatecas), etc... : des spécimens de marbres, envoyés par les Ayuntamientos de Cuantempan (Tetela, Puebla) de Zumpango (Mexico), la Municipalité de Zapotillan (Techuacan, Puebla), M. Buenaventura Becerra, d'Urique (Chihuahua), les Gouvernements des États d'Aguascalientes, de Puebla, etc.; de beaux onyx, présentés par MM. Fernando Aleman, de Morelia (Michoacan), Amador Cardenas, de Jimulco (Coahuila), Manuel Oliman, de Puebla, Fenochio y Marin Perez, d'Oaxaca (Oaxaca), etc... : des échantillons de gypse, exposés par M. Feliciano Alpuche, d'Acancech (Yucatan), etc...

M. Francisco Paz y Puente, de Francisco (Puebla, Santa-Clara), avait envoyé des spécimens d'eaux minérales.

Groupe 117. — L'Institut géologique de Mexico exposait dans le Groupe 117 des cartes géologiques du Mexique au 1/300,000ᵉ. De nombreuses photographies minières, envoyées par la Compania minera real del Monte y Pachuca, de Pachuca (Hidalgo), la Moctezuma Copper Cᵒ, de Nacozari (Sonora), la Negociacion minera de San Rafael y anexas, de Pachuca (Hidalgo), etc... Des cartes de l'État d'Oaxaca, présentées par le gouvernement de cet État, complétaient l'Exposition du Groupe 117.

Nouvelle-Zélande.

Le Gouvernement néo-zélandais exposait au Palais des Forêts et au Palais de l'Agriculture quelques échantillons de matériaux de construction et de pierre à chaux. La Société Thompson and Cᵒ, de Dunedin, avait envoyé au Palais de l'Agriculture quelques eaux minérales.

Nicaragua.

L'Exposition minière du Nicaragua était réunie au pavillon national de cet État.

Elle comprenait, dans le Groupe 116, quelques échantillons de lignites et de tourbes présentés par les Municipalités de Pueblo Nuevo (Nueva Segovia) et de San-Ramon (Metagalpa), et surtout de très nombreux spécimens de minerais d'or, exposés par le Département de Zelaya, les mines Alianza, de Pericon (Nueva Segovia), Corona, de Pericon (Nueva Segovia), El Escandola, de La Libertad (Jerez), El Socorro, de la Libertad (Jerez), San Juan, de Mura (Nueva

Segovia), etc... Malheureusement, tous ces exposants ne fournissaient aucune indication sur leurs gisements et leurs exploitations, et cette lacune est d'autant plus regrettable que l'industrie minière du Nicaragua est encore fort mal connue.

Le Musée national de Managua présentait une collection assez complète des produits de carrières : matériaux de construction, ardoises, gypse, pierres d'ornement, onyx, jaspe, albâtre, cristal de roche, etc... Le General J. Santos Zelaya, de Managua, exposait des échantillons de pierre à chaux de son hacienda de Campuzano.

Pérou.

Le Pérou exposait au Groupe 116 dans le block 23 du Palais des Mines, à côté de la Section hongroise. Il y a peu à dire de cette Exposition, qui comprenait seulement quelques charbons, envoyés par la Société Arrigoni et C°, de San-Pedro (Pascamayo) ; des minerais de cuivre, présentés par la Société Cerro de Pasco Mining C°, de Lima ; du soufre de la Compania Azufrera Sechura, de Lima ; du sel de la Compania Salifera del Peru, de Lima ; des eaux minérales enfin, exposées par l'Empresa de Aguas minerales (D. Gutierrez y C°), de Yura Arequipa.

Porto-Rico.

L'Exposition de Porto-Rico était réunie dans le Palais de l'Agriculture. On peut citer parmi les quelques échantillons exposés : des minerais de fer, présentés par MM. J.-E. Aponte et R. Cayetano, et de cuivre, envoyés par M. Luchetti ; des spécimens de chaux hydraulique, envois de MM. Bird et O'Neill ; des eaux minérales, présentées par MM. Boixy Mendez, J. Ramos et Valdez Pena. Cette exhibition était en somme des plus réduites, et ne donnait pas de renseignements bien intéressants.

Portugal.

L'Exposition portugaise était installée dans le block 23 ; elle se rapportait uniquement au Groupe 116, et donnait, par les échantillons exposés, une idée des principales richesses minières du pays.

La production minérale du Portugal en 1902, d'après la dernière statistique, se résume comme suit, en ce qui concerne les principaux produits miniers :

	Production en tonnes	Valeur en francs
Houille	17,000	237,000
Minerais de fer . . .	20,000	91,000
Minerais de plomb .	1,650	148,000
Pyrites de fer. . . .	414,000	4,032,000
Arsenic.	700	171,000
Wolfram	234	185,000

L'industrie de la houille était représentée par quelques échantillons de charbon exposés par MM. Corvaceira, Marianno et Gomes, de Lisbonne.

M. Germano A. Ferreira, de Lisbonne, avait envoyé des spécimens d'ocres; et la Compagnie des mines d'étain et de wolfram, de Montalegre-Beja, des échantillons de ses produits. La Companhia mineira e metallurgica do Braçal, de Sever do Vougo, Aveiro, présentait des galènes et des blendes de ses exploitations. Cette importante Société possède 5 mines, Braçal, Malhade, Coval da Mo, Turbine, Murta, d'une superficie totale de 936 hectares, et une usine de préparation mécanique et de fusion : elle produit la plus grande partie du plomb extrait en Portugal.

De beaux échantillons de marbres exposés par MM. Mascarenhas et Carvallo, d'Extremorz, Manoel Maria da Sousa, de Lisbonne, Van Zeller et Gonçalves, de Porto, Alvaro Rebello Valente, de Porto, etc... représentaient les produits de carrières.

Il convient enfin de mentionner de nombreuses eaux minérales, exposées par les Sociétés Companhia das Agues medicinaes da Felgueira, de Lisbonne, Companhia das aguas thermaes da Amieira, de Caldas, etc...

Siam.

Le Siam exposait au bloc 20 du Palais des Mines.

Le Groupe 115 était représenté par un modèle de crible à main exposé par M. Nakon Gritamarat.

Il faut citer, dans le Groupe 116, des sables aurifères d'origine alluvionnaire exposés par le Comité de la province de Champ-hon, des cassitérites envoyées par le Comité de Nakon Sri Tamarat et par le Département royal des mines, des minerais de cuivre carbonatés présentés par le Comité d'Udawn, enfin des pierres précieuses, rubis, saphirs, etc... exposés par le Comité de Chantaboum. Les renseignements sur ces diverses exploitations faisaient d'ailleurs totalement défaut.

On peut mentionner dans le Groupe 117 un modèle de pompes employé dans les mines d'étain, exposé, avec diverses photographies par le Département royal des mines.

Espagne.

Quelques rares échantillons de minerais de fer et d'argile exposés dans le block 74 du Palais des Mines, représentaient d'une manière plutôt illusoire toute l'industrie minière espagnole.

Suède.

La Suède n'avait envoyé à Saint-Louis, pour être classés au Groupe 116, que quelques produits de carrières: phosphates pour engrais, exposés par M. Wilhelm Palmaer, de Stockholm, calcaire et granit présentés par L.-J. Johansson, d'Eksjo; ces envois avaient été installés dans le block 13 à côté de la Section française et sous l'un des péristyles du Palais des Mines.

Suisse.

La Suisse n'était représentée que par quelques cartes géographiques exposées dans le Groupe 117, au block 74 du Palais des Mines, par le Service géologique fédéral, dont le siège est à Zurich.

Vénézuéla.

La République vénézuélienne exposait, au Palais des Forêts, dans le Groupe 116, des échantillons très divers de sa production minière.

On peut mentionner, dans cette exposition sommaire, les charbons envoyés par MM. Juan Apita, de Maracaïbo, J.-M. Borges, de Santa Maria, la Société Martini et Cᵒ, des mines de Guanta; d'assez nombreux minerais d'or, exposés par MM. R. Dominguez, de Barquisimeto, J.-G. Carrero, de Caracas, Sigert, de Yuruary; les collections minéralogiques envoyées par le Gouvernement du Vénézuéla, le Dᵣ Louis Plazzard, de Ciudad Bolivar; enfin divers matériaux de carrières: granit, marbre, ciment, argile et kaolin, etc..., présentés par plusieurs exploitants du pays. L'ensemble eût gagné à être accompagné de renseignements sur le mode de gisement et d'exploitation des produits exposés.

DEUXIÈME PARTIE

Métallurgie

DEUXIÈME PARTIE

MÉTALLURGIE

Sur les 53 Classes entre lesquelles étaient réparties les mines et la métallurgie à l'Exposition de Saint-Louis, 17 étaient consacrées à la métallurgie et 1 à la littérature minière et métallurgique.

I

MÉTALLURGIE

La Métallurgie était en somme très incomplètement représentée à l'Exposition de Saint-Louis, aussi bien en ce qui concerne les Etats-Unis que les autres pays.

Aussi serons-nous très brefs en ce qui concerne la description des objets et modèles exposés.

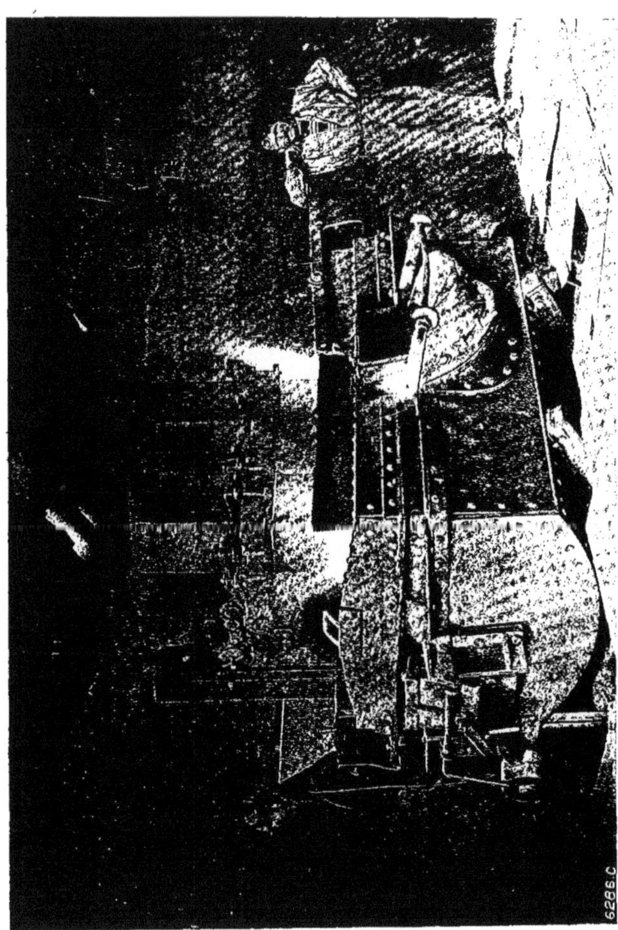

Fig. 16. — Société électro-métallurgique de Froges. — Four électrique rotatif de La Praz (1re vue).

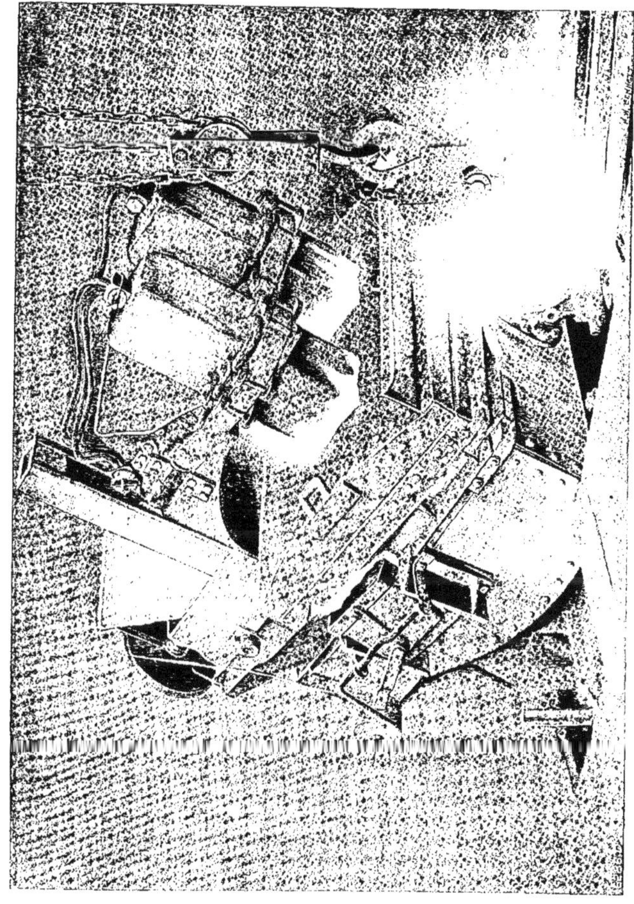

Fig. 17. — Société électro-métallurgique de Froges. — Four électrique rotatif de La Praz (2e vue).

a) France.

Une Exposition attirait et retenait les regards de tous les hommes du métier ; c'était celle de la Société Électro-métallurgique de Froges. Constituée en 1888 pour la fabrication de l'aluminium, et des *ferro silicium* par le procédé Héroult, cette Société n'a pas tardé à se développer et à créer une seconde usine très importante à la Praz — près de Modane, — où elle dispose d'une force qui peut atteindre 13,000 chevaux pendant la plus grande partie de l'année.

Les produits que fabrique et qu'exposait cette Société sont extrêmement variés.

A côté des matières premières telle que l'alumine pure et des blocs ou cylindres de carbone aggloméré qu'elle fabrique pour son usage, la Société présentait de très intéressantes séries de lingots d'acier obtenus au four électrique avec teneur en carbone variant de 0,2 à 4 %, et de barres d'acier de compositions très diverses ; des séries de *ferro chrome* à teneur de carbone variant de 1 à 10 % et à teneur de chrome pouvant atteindre 60 et 70 % ;

Des séries de *ferro silicium* contenant 20, 25, 30, 40 et même 50 % de silicium ;

Des séries de *ferro nickel* contenant 40 % de nickel avec 2 % de carbone et moins de 2 % de silicium ;

Des *ferro tungstènes* à 80 % de tungstène ;

Des *mattes de cuivre ;*

De l'*aluminium* extra pur à 99,6 et 99,7 % d'aluminium, en blocs, en barres laminées, de profils très divers, en tôles de diverses épaisseurs, en pièces coulées (clefs, bobines de filatures, etc.).

Les qualités des produits obtenus étaient rendues visibles par des séries d'épreuves classées méthodiquement, avec résultats en regard comme allongement, résistance et striction.

Enfin, ce qui achevait de donner un intérêt exceptionnel à cette Exposition, c'était le modèle du four électrique rotatif de la Praz pour la fabrication de l'acier fondu.

Nous en donnons d'autre part deux photographies qui figuraient dans l'album de la Société publié à l'occasion de l'Exposition et dont la direction a bien voulu nous confier les clichés.

Les photographies diverses de l'usine de la Praz montrant les conduites d'eau. les salles de turbine, les salles de fabrication avec les fours à acier en marche donnaient au visiteur une idée nette de cette fabrication, qui est sortie de la période des essais pour devenir tout à fait industrielle.

Un Grand prix a été accordé sans la moindre hésitation et à l'unanimité à cette Exposition qui prouvait qu'au point de vue de la fabrication de l'acier au four électrique et des alliages métalliques, la France est en avance sur tous les pays.

L'Exposition de la Société electro-métallurgique d'Albertville (Procédés Paul Girod), était. elle aussi, intéressante par les produits exposés (ferro tungstène, ferro molybdène, ferro chrome, ferro titane, ferro silicium).

L'usine d'essais d'Albertville qui débuta en 1899, avec 50 chevaux de force, — pour posséder, peu d'années après 1,250 chevaux de force — a été complétée par une nouvelle usine, construite en 1902 à Courtepin, en Suisse, avec 2 à 3,000 chevaux de force.

Ici encore la série si variée de ces alliages à forte teneur de métaux spéciaux retenait l'attention des spécialistes. Une médaille d'or fut, sans hésitation, décernée à cette Société qui a su réaliser, en peu d'années, des fabrications aussi variées.

La fonderie de fonte était représentée par deux usines : l'une, Société métallurgique du Périgord, qui avait envoyé quelques beaux spécimens de sa fabrication de grands tuyaux pour canalisation d'eau et de gaz ; l'autre, Société Ed. Plichon et ses fils, qui intéressait les connaisseurs par la perfection de moulage de ses cylindres pour automobiles. de ses engrenages, de ses boîtes à huile, de ses pièces pour machines outils diverses.

MM. Dubois, Pinard et Cⁱᵉ, en présentant différents types de fourneaux en fonte émaillée, avaient surtout en vue d'attirer l'attention du Jury sur les avantages hygiéniques de la machine à émailler de M. Dubois, qui avait mérité à cet ingénieur un Grand prix en 1900, et un prix spécial de la Société d'Encouragement.

Une maison bien connue, non seulement en France, mais également à l'étranger, pour la perfection et la variété de sa fabrication de tôles embouties et perforées, M. Pinchard-Deny, n'avait malheureusement qu'un panneau de faible dimension, qu'ignorait le grand public, et que n'appréciaient que les rares spécialistes qui s'approchaient et examinaient un à un chacun des petits rectangles de tôles exposés.

M. Paul Regnard avait également quelques tôles embouties et découpées qui montraient une grande habileté professionnelle.

Le tableau de M. Thivet-Hanctin donnait une idée de quelques-unes des machines à broyer et préparer les sables de fonderie qui sont la spécialité de cette maison.

La panoplie de scies circulaires, scies à ruban, scies spéciales de tous types de la Maison Paul Hug (de Paris), montrait l'extrême variété des solutions que M. Hug a su trouver pour répondre à la nécessité de débiter à la scie des bois de dureté diverse, pour obtenir soit des feuilles de placage extra-minces, soit des formes compliquées.

Deux vitrines, celles de MM. Hinque, Marret, Bonin et Cⁱᵉ et de M. Lemoine Bies, brillaient par l'extrême variété des produits exposés (métaux précieux purs ou à l'état de sels cristallisés très divers, alliages variés, etc.), mais paraissaient quelque peu dépaysées dans un hall où prédominait la grosse métallurgie. Elles n'en étaient pas moins intéressantes comme types extrêmes d'application des produits métalliques à la teinture, à l'industrie chimique ou aux fabrications spéciales.

Toutes ces Expositions si diverses de nature montraient à des stades différents la perfection de la fabrication française et méritèrent toutes d'être récompensées par des Grands prix ou des médailles d'or.

b) Etats-Unis.

Nous étions venus en Amérique dans l'espoir d'avoir à Saint-Louis une vue d'ensemble de la métallurgie américaine dont les installations grandioses et les solutions hardies ont été souvent signalées et parfois décrites plus ou moins complètement.

Grande a été notre déception quand nous avons vainement cherché le stand de l'United States Steel Corporation.

Cette union de toutes les grandes et anciennes usines métallurgiques des Etats-Unis s'était abstenue d'exposer ; tout au plus trouvait-on une sorte de courte allée formée par la série des types de rails en barres de 6 à 7 mètres de longueur, dressées les unes contre les autres, sans d'ailleurs aucune notice ni explication : aussi le jury décida-t-il de passer outre et de ne pas considérer ce trophée comme constituant une exposition digne de cette grande Association.

Le centre du grand bâtiment de l'Exposition était occupé par le stand de l'USINE DE BETHLEHEM. Les produits militaires de cette usine figuraient seuls et encore les types les plus puissants de canons et de blindages n'étaient que de grossières maquettes en bois peint. Pour donner une idée de ce que comporte d'opérations successives et de consommation de combustibles et de matières diverses la fabrication d'une plaque de blindage, étaient préparés dans des cases distinctes de petits tas de charbon, de coke, de castine, et au-dessus une maquette de la plaque à ses phases successives de fabrication.

L'absence de chiffres en regard ôtait toute valeur technique à cette figuration.

Pour avoir une idée de la puissance de fabrication de cette usine et de la perfection de son outillage, il fallait fermer les yeux et se reporter par la pensée à la visite que nous avions faite dans cette usine, quelques semaines auparavant. Mais dans un rapport sur l'Exposition, nous ne saurions nous étendre sur ce que la Société n'a pas cru devoir montrer au public de Saint-Louis, surtout d'ailleurs que l'usine de Bethlehem a été souvent décrite et qu'elle ne nous a pas paru s'être beaucoup transformée dans ces dernières années.

Les grandes usines nouvelles, telles que la LACKAWANA STEEL C°, qui auraient pu nous montrer leurs hauts fourneaux monstres, avec leurs soufflantes à moteurs à gaz et leurs puissants laminoirs, manquaient aussi complètement.

Le Jury en a donc été réduit à examiner quelques Expositions de tôles à chaudières, quelques Expositions de tôles spéciales pour coffres-forts ou de moulages d'acier dur, et quelques modèles de gazogènes ou d'appareils métallurgiques.

La Compagnie WORTH BROTHERS, de Coatesville (Pensylvanie), présentait de grandes et fortes tôles, dont plusieurs embouties. On remarquait surtout des fonds de cylindres emboutis dépassant 3 mètres de diamètre avec une épaisseur de 12 millimètres. L'emploi de tôles embouties semble s'étendre à des usages pour lesquels on n'est pas habitué à les voir utilisées en Europe ; c'est ainsi que les étriers pour fixation des trous d'hommes sont fabriqués en tôle emboutie d'une forme ingénieuse qui allège la pièce tout en la rendant facilement maniable.

Plusieurs autres usines présentaient des types variés d'emboutis, destinés à des usages très divers, et d'une grande perfection d'exécution.

Les Chrome Steel Works avaient une petite, mais intéressante exposition de tôles et de barres cylindriques formées de couches alternatives d'*acier chromé* et d'*acier doux*. Nous voyons ainsi des tôles où deux mises d'acier chromé sont entourées de trois mises d'acier doux; des barres à section ronde où trois mises d'acier chromé sont séparées et entièrement entourées d'acier doux.

Ces tôles et ronds pour boulons, rivets et axes servent surtout à la fabrication des coffres-forts qui grâce à l'extrême dureté des mises chromées défient toutes les entreprises de voleurs.

Cette même Société exposait des types variés de pièces pour batteries de moulins à quartz

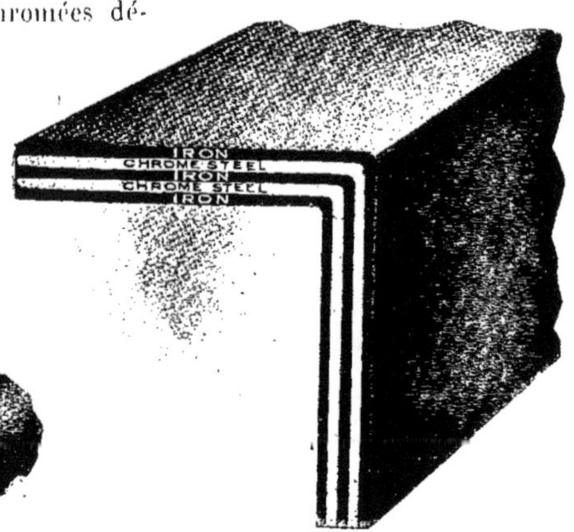

Fig. 18. — Chrome Steel Works. Tôles et barres cylindriques formées de couches alternatives d'acier chromé et d'acier doux.

aurifères. Ces aciers chromés paraissent présenter une résistance toute spéciale à l'écrasement et à l'usure sous l'action de chocs répétés et violents au contact de la poussière de quartz.

La Taylor Iron and Steel Cᵒ, de High Bridge (N.-J.), qui est concessionnaire aux États-Unis des procédés Hadfield, présentait d'intéressantes applications d'acier au manganèse pour toutes les parties travaillantes des concasseurs et moulins à minerais siliceux, et à roches de toute nature, — pour grilles et tôles perforées obtenues par fonderie aux lieu et place des tôles laminées perforées mécaniquement; pour pièces de pompes centrifuges destinées aux eaux chargées de sables; — pour barreaux et grillages pour chambres de sûreté et pour prisons; pour croisements et cœurs de chemins de fer, etc. La coexistence d'une certaine malléabilité et de l'extrême dureté est la qualité caractéristique de ces aciers et en rend l'emploi très utile dans bien des cas.

Les grands constructeurs ALLIS CHALMERS AND C° et AUSTIN MANUFACTURING C° présentaient des emplois très variés de ces aciers au manganèse (généralement à 13-14 % de manganèse) pour leurs broyeurs, pour leurs cribles et grilles d'appareils de préparation des charbons et minerais, pour les roues et pignons destinés à travailler dans la poussière, pour les roues de wagonnets des mines exposés à des chocs violents, pour les vis sans fin et norias, etc.

Les constructeurs de coffres-forts (MANGANESE STEEL SAFE C°) montraient des chambres de sûreté et des coffres fixes ou roulants formés de voussoirs en acier au manganèse, assemblés intérieurement au moyen de frettes serrant entre eux les tetons venus de fonte avec les voussoirs. Ces coffres paraissent les plus aptes à résister aux attaques à la dynamite, fréquemment dirigées aux Etats-Unis par d'audacieux rôdeurs.

La Section des chemins de fer montrait aussi de nombreux emplois des aciers au manganèse pour toutes les parties de la voie spécialement exposées aux chocs et à l'usure (cœurs, pointes d'aiguilles, croisements, éclisses, etc.). Nous signalerons spécialement l'Exposition de WHORTON AND C°.

Les aciers au nickel sont employés aux États-Unis pour des usages très divers, en raison surtout de leur résistance très spéciale à l'usure mécanique et à la corrosion.

Il semble y avoir, pour bien des usages, compétition très ardente entre les partisans des aciers au nickel et des aciers au manganèse.

L'alliage qui présente au plus haut degré les qualités de résistance au choc et à l'usure semble être celui de 3 1/2 % de nickel. C'est cette teneur qui est indiquée pour les aciers employés aux voussoirs de tourelles blindées, pour les centres de roue des locomotives et tenders, pour les engrenages de machines coulés en sable vert, pour les cylindres de laminoirs, pour les trèfles et rallonges de laminoirs, pour les rails, etc.

La SOCIÉTÉ INTERNATIONALE DU NICKEL avait une très intéressante exposition qui montrait la résistance de différentes pièces après un très long usage ; c'est ainsi qu'on voyait un cylindre de blooming, pesant 17,000 livres, et ayant laminé 67,734 tonnes de lingots sans présenter de traces appréciables de fatigue ; des allonges ayant servi à relier des cylindres de laminoirs pour 300,000 tonnes de barres fabriquées.

Des essais comparatifs d'usure mécanique ont montré qu'alors que des barres de fer perdaient 21 à 22 °/₀ de leur poids, les barres d'acier au nickel ne perdaient que 8 1/2 °/₀ de leur poids.

Pour les soupapes des machines à gaz, qui se détériorent si rapidement sous l'action de la violence des chocs, ce sont les aciers au nickel qui paraissent avoir donné de beaucoup les meilleurs résultats.

Lorsqu'il s'agit d'exposer des barres métalliques à l'action de substances corrosives, les aciers au nickel paraissent spécialement appropriés. Les barres en nickel pur sont absolument réfractaires à la corrosion. Les tubes en acier au nickel paraissent bien convenir aux chaudières tubulaires quand les eaux sont corrosives.

C'est cette même qualité qui justifie l'emploi des aciers au nickel pour la fabrication de nombreux objets d'usage domestique. Plusieurs exposants montraient de ces objets.

C'est encore l'acier au nickel — mais à forte teneur en nickel — qui était préconisé à Saint-Louis pour la fabrication des obus à perforation.

Les Américains reconnaissaient d'ailleurs qu'ils ne faisaient que suivre les indications données par James Riley pour la fabrication de ces aciers au nickel.

Les Américains semblent surtout avoir poursuivi les applications industrielles des aciers à moyenne teneur en nickel (3 1/2 à 4 °/₀) tandis que la France a principalement utilisé les aciers à forte teneur en nickel aux fabrications militaires.

C'est cette extension de l'emploi industriel des aciers au nickel qui était surtout intéressante à Saint-Louis.

L'une des parties de l'Exposition métallurgique qui eût présenté le plus d'intérêt, c'est certainement la FONDERIE MODÈLE établie à proximité du Palais. Malheureusement très tardivement commencée, cette Exposition s'est ressentie de la précipitation de son installation.

Les fabricants d'outillage pour fonderie avaient groupé dans ce hall et montraient en service leurs appareils les plus nouveaux, tous basés sur la préoccupation de la réduction de la main-d'œuvre.

THE HILL AND GRIFFITH Cⁿ, de Cincinnati, THE ADAMS Cⁿ, de Dubuque (Iowa), et THE OBERMAYER Cⁿ, de Chicago, Pittsburgh et Cincinnati présentaient chacune d'intéressants types, mais leurs albums surtout montraient à quel point elles s'étaient préoccupées de faciliter les travaux de moulage et de les activer en remplaçant la main de l'homme par la force mécanique, qui, en l'espèce, est le plus souvent l'air comprimé : c'est ainsi que l'air comprimé donne aux tamis, pour sable de fonderie, le mouvement rapide de va-et-vient nécessaire au rapide passage du sable au travers des mailles du tissu métallique ; c'est encore ce même air comprimé qui est employé pour nettoyer l'intérieur des moules avant coulée, et qui, après démoulage, actionne le marteau d'ébarbage ou de cassage des masselottes.

Fig. 19. — Tamis pour sable de fonderie mû par l'air comprimé.

Nos châssis en fonte, lourds et d'un maniement difficile, sont le plus souvent remplacés aux États-Unis par des châssis en bois vernis, dont les quatre côtés sont articulés, ce qui permet l'enlèvement immédiat du châssis aussitôt le travail du moulage achevé.

Au moment de la coulée on remplace ce cadre par un autre en

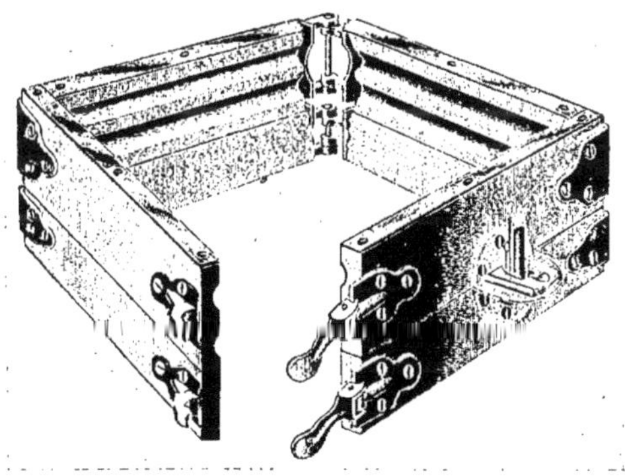

Fig. 20. — Châssis en bois verni articulé pour moulage.

bois grossier de section plus faible que l'on enfonce de façon à contenir le sable et empêcher la déformation du moule.

Pour toutes les pièces à fabriquer en série, on emploie le modèle en bronze et le moulage mécanique ; le démoulage est facilité par l'emploi d'un trembleur à air comprimé qui détache le modèle, sans déformer l'empreinte dans le sable.

La Compagnie Obermayer présentait un foyer suspendu pour séchage intérieur des moules par circulation d'air chaud, qui paraît extrêmement pratique, mais qui suppose à la fois l'existence d'un grand nombre de potences de suspension et de canalisations mul-

Fig. 21. — Foyer suspendu pour séchage intérieur des moules par circulation d'air chaud, de la Cie Obermayer.

tiples pour air comprimé pouvant être branchées sur le foyer mobile en un point quelconque du chantier.

La fabrication de noyaux ne se fait plus, dans les grandes fabriques américaines, qu'au moyen d'une sorte de moulin à café qui, par le

changement d'un ajustage de sortie, permet de fabriquer des noyaux
de diamètres divers.

Fig. 22. — Fabrication mécanique des noyaux pour fonderie.

Le séchage de ces noyaux dans des foyers mobiles à tiroirs superposés est aussi très pratique.

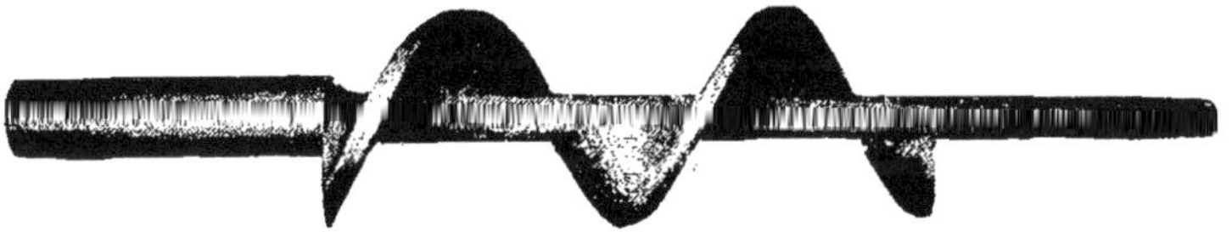

Fig. 23. — Outil servant à la fabrication des noyaux.

L'air comprimé ne sert pas seulement à produire la trépidation des
cribles, ou le va-et-vient de la panne d'un marteau ou du tranchant
d'un ciseau, il sert aussi, par entraînement de sable, à nettoyer rapidement les moulages.

Il y aurait encore beaucoup d'autres appareils simples et pratiques destinés tous à suppléer à la main-d'œuvre, coûteuse et inexpérimentée des États-Unis. Reste à savoir si ces mêmes installations se justifieraient et « payeraient » dans un pays où la main-d'œuvre

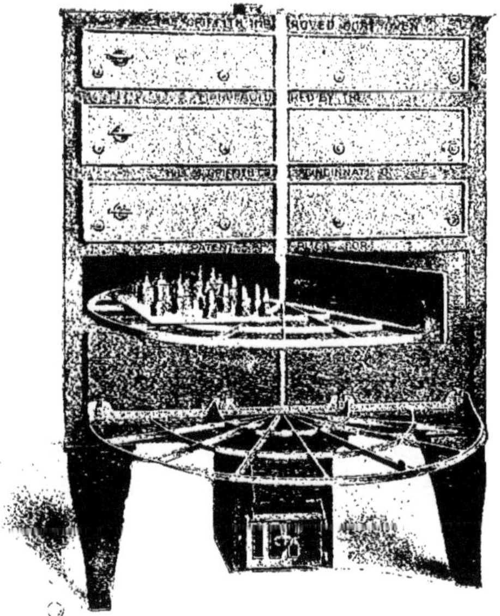

Fig. 24. — Four mobile de séchage des moules.

est moins chère et souvent plus expérimentée. C'est un calcul individuel à faire.

Comme outillage des usines, la maison MORGAN présentait des modèles de gazogène, de four à billettes et de laminoirs continus pour fils de fer.

Le gazogène *Morgan* est donné comme réalisant la production continue de gaz de composition constante grâce à une distribution automatique du combustible. Le charbon, de grosseur bien déterminée et égale, tombe d'un cône d'alimentation sur un plateau distributeur à mouvement continu de rotation.

On arrive ainsi à une répartition très régulière du charbon qui s'échauffe progressivement pour ensuite distiller et finalement brûler sous l'action d'un courant d'air central produit par un Kœrting. La régularité de la marche semble exiger l'emploi de charbon parfaite-

FIG. 25. — Gazogène Morgan.

ment calibré, non collant, propre, et à cendres non fusibles ne donnant pas de machefers.

Pour le chauffage des billettes, la maison Morgan présentait un type de four à gaz, à alimentation et débit continu avec progression régulière des billettes, vers la partie la plus chaude du four.

Quant au laminage, il était opéré dans une série de onze cages à cylindres — placées à la suite les unes des autres — et actionnées toutes par un même arbre de couche portant des engrenages cônes, de diamètres progressivement croissants, de façon à avoir de cylindre en cylindre des vitesses croissantes, toujours en proportion exacte de l'allongement de la billette. Des guides recevaient la verge à la sortie d'un cylindre et l'engageaient dans le cylindre suivant après avoir opéré une torsion de 90 ou de 180°.

Un laminoir, de ce type, que nous avions vu en marche dans l'une des usines des environs de Pittsburgh, semblait parfaitement réglé. Mais le tas des pièces manquées à tous états d'avancement, indiquait que les incidents de fabrication sont malgré tout assez fréquents.

Le laminoir exposé était indiqué comme devant être dès l'automne expédié en France pour être monté dans une usine de la Plaine-Saint-Denis.

Une Exposition particulièrement intéressante était celle de la grande usine électrique ACTESON, de Niagara Falls, qui présentait les trois produits successifs siloxicon, carborandum et graphite artificiel. Le siloxicon, Si^2C^2O, est une matière très réfractaire qui est obtenue par le traitement au four électrique d'un mélange de sable siliceux, de coke et de sel ; le carborandum SiC est obtenu par un traitement plus prolongé de ce même mélange.

Ces produits spéciaux sont déjà très employés comme matière réfractaire et comme matière à polir.

La GOLDSCHMIDT THERMIT C°, de New-York, montrait les procédés et produits qu'on a déjà admirés à Paris, en 1900, et à Dusseldorf, en 1903.

La vaste Exposition de cette Société attirait et retenait l'attention par des spécimens de soudure d'apparence parfaitement homogène — comme aussi par les métaux, rares pièces qui étaient exposés :

Chrome, à 99 %.
Manganèse, à 98-99 %.
Molybdène, à 98 %.
Ferro vanadium, à 25 %.
Ferro titane, à 20-25 %.
Alliages manganèse-cuivre, manganèse-zinc, manganèse-étain.

c) **Pays étrangers**

Les Expositions métallurgiques des pays étrangers étaient généralement de peu d'importance.

L'Allemagne ne présentait en fait de métallurgie qu'un groupe de cloches en acier — de la Société des Aciéries de Bochum — qui faisaient entendre un beau son du sommet du clocher du pavillon allemand.

La Belgique avait consacré une paroi d'une des salles de son pavillon à grouper en petites vitrines des sections de fers et aciers profilés, ou. des albums de profilés divers. Il n'y avait là aucune nouveauté qui pût retenir le visiteur.

L'Angleterre avait quelques expositions plus intéressantes. L'Iron and Steel Institut avait orné les parois d'un salon de belles photographies d'études micrographiques d'aciers de qualités les plus diverses, — et à côté figuraient beaucoup des plus belles planches de cette belle publication annuelle de l'Institut du fer et de l'acier. Dans un pays où les usines visent surtout à la quantité des productions, l'Angleterre présentait plusieurs Expositions de fers de qualité supérieure pour ferrures de matériel de chemins de fer et pièces délicates de machines. Des essais nombreux à froid et à chaud montraient les qualités de ces fers.

Les Expositions du Brésil et du Mexique montraient dans ces deux pays la naissance de la grande industrie métallurgique — avec forges et laminoirs capables de produire des fers profilés de grande section pour châssis de wagons ou construction métallique.

Ces produits n'avaient rien de caractéristique en eux-mêmes. — Ils ne retenaient l'attention que par la preuve qu'ils fournissaient de deux pays prêts à s'émanciper industriellement.

De toute autre importance était l'Exposition métallurgique du Japon. On avait par les nombreuses vues photographiques reproduisant les hauts-fourneaux, les appareils Bessemer, les laminoirs et ateliers de finissage, la preuve palpable de l'importance de ces usines qui fabriquaient les profilés si variés dont les panoplies d'échantillons attiraient tous les regards.

Au plus fort de la lutte contre la Russie, le Japon avait tenu à s'affirmer par une Exposition de premier ordre, que présentaient des ingénieurs capables de tout expliquer et justifier. Tandis qu'à côté, les emplacements réservés à la Russie étaient restés vides et déserts.

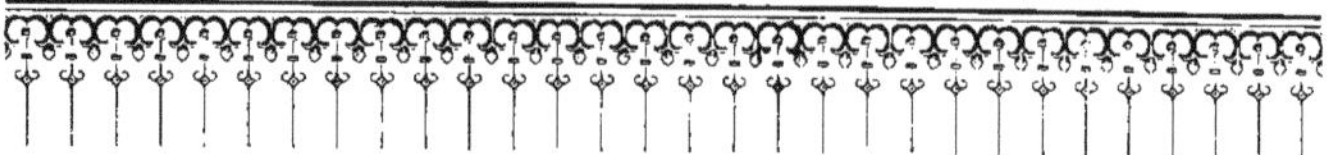

II

LITTÉRATURE MINIÈRE ET MÉTALLURGIQUE

Eu de pays avaient compris l'intérêt de participer à cette partie de l'Exposition ; la plupart ne figuraient que par leur service géologique.

Le Service de la CARTE GÉOLOGIQUE DE FRANCE présentait un magnifique ensemble de feuilles formant tout le massif des Alpes — du lac de Genève à la Méditerranée. — Mis en pleine lumière, jouissant d'un recul suffisant, ce panneau était du plus bel effet.

Les cartes de quelques-uns des bassins houillers, et quelques feuilles spéciales de la carte géologique détaillée, complétaient d'une façon très heureuse l'Exposition du Service géologique de la France.

Les ÉCOLES DES MINES de PARIS et de SAINT-ÉTIENNE, par l'envoi de leurs programmes et cours — et de la Collection des ouvrages publiés par leurs professeurs, avaient tenu à mettre en évidence la hauteur de l'instruction donnée aux ingénieurs qu'elles forment.

Les Expositions des ÉCOLES DE MAITRES MINEURS d'ALAIS et de DOUAI, et les COURS POUR GOUVERNEURS institués à SAINT-ÉTIENNE, montraient que les officiers des mines ne sont pas seuls instruits en France, mais que les chefs ouvriers et contremaitres jouissent également de moyens d'instruction aussi pratiques que complets.

Le MINISTÈRE DES TRAVAUX PUBLICS était représenté par la belle série de ses statistiques de l'industrie minérale qui font autorité dans le monde scientifique.

La COMMISSION DU GRISOU, dans une modeste vitrine, groupait cet ensemble de recherches et de travaux qui ont définitivement assuré la sécurité en présence des gisements à dégagement de grisou.

Le Comité Central des Houillères de France avait tenu à mettre sous les yeux du public la constatation statistique officielle des progrès réalisés au point de vue de la sécurité du travail, et spécialement de la disparition des accidents du grisou. Ses nombreuses publications montraient que le temps n'est plus, où le Français s'isole du monde pour ne s'occuper que de lui, mais que, bien au contraire, il n'existe dans aucun pays d'association qui ait autant en vue de suivre les progrès dans toutes les branches économiques, commerciales et techniques.

Le Jury, par un ensemble de neuf Grands prix ou diplômes de hors concours, a tenu à reconnaître la haute valeur de ces établissements publics ou privés, qui sont la gloire de la France.

Les grandes librairies techniques Dunod et Béranger présentaient des collections intéressantes d'ouvrages — les uns, des techniciens ou des savants français — les autres, des savants des pays les plus divers, traduits en français.

Les États-Unis, dans un vaste salon, avaient groupé beaucoup de journaux et revues techniques paraissant dans les diverses parties du pays; et dans un stand à part se trouvaient toutes les publications de l'Engineering and Mining Journal.

Les publications du Geological Survey des États-Unis présentent, par leur perfection et par le prix très bas auquel chaque fascicule, avec planches est offert au public, un intérêt très spécial.

A côté du Geological Survey fédéral, 17 États présentaient à leur tour les travaux de leur Geological Survey (Alabama, Arkansas, Géorgie, Illinois, Indiana, Iowa, Kansas, Kentucky, Maryland, Michigan, Missouri, N. Caroline, Ohio, Texas, Vermont, West-Virginie, Wisconsin); d'autres (Californie, Illinois, Pensylvanie), présentaient les travaux de leur service d'inspection des mines ; d'autres (New-York, Kansas) présentaient les publications de Sociétés scientifiques, particulièrement importantes.

Il y avait là un ensemble de documents et de publications de valeur peut-être inégale, mais qui témoignent, pour un pays neuf comme l'est l'Amérique du Nord, d'une volonté ferme d'arriver aussi rapidement que possible à une mise en valeur rationnelle des richesses naturelles. Il serait très désirable qu'une bibliothèque publique en France pût mettre à la disposition des ingénieurs l'ensemble, sans cesse tenu au courant, de ces publications scientifiques.

Il était intéressant de voir beaucoup de pays neufs, des deux hémisphères, montrer eux aussi les travaux de leurs services géologiques :

L'ALLEMAGNE, dans un vaste salon, avait groupé, à côté du service géologique proprement dit, les services de stratigraphie minérale de Westphalie, de Haute-Silésie et de Saarbrück.

La belle CARTE GÉOLOGIQUE AUTRICHIENNE, et celle si saisissante de relief de la SUISSE étaient deux des types les plus parfaits.

L'ESPAGNE, le PORTUGAL, l'ITALIE, la RUSSIE avaient chacun, à côté de cartes géologiques générales, des parties plus ou moins vastes du pays étudiées en détail.

L'étonnement a été grand de voir la série des cartes géologiques, agronomiques et autres que le JAPON avait exposées. En cela comme en tant d'autres branches, le Japon a produit avec une rapidité extrême des travaux dont la perfection d'exécution est remarquable. L'avenir seul pourra faire apprécier le degré de perfection technique des travaux de reconnaissance si rapidement exécutés; mais au moins y a-t-il là un cadre des plus intéressants.

En cela, le Japon s'est trouvé très supérieur à plusieurs grands pays — dont les cartes exposées étaient manifestement des ébauches très sommaires et médiocrement exécutées.

Quoi qu'il en soit — et malgré ces quelques réserves — nous devons dire l'admiration que nous avons ressentie pour les résultats obtenus dans tant de pays — explorés depuis cinquante ans à peine, colonisés ou civilisés depuis un temps bien moindre encore — et pourtant déjà si bien étudiés.

La constitution de cette Section *spéciale* de bibliographie et cartographie scientifique n'avait sans doute pas été connue suffisamment, aussi ne donnait-elle pour la plupart des pays qu'une idée très incomplète des richesses accumulées par les savants et les économistes. Il faut espérer qu'à une prochaine Exposition, cette Section pourra se présenter avec toute l'ampleur qui lui assurerait son intérêt et son utilité complètes.

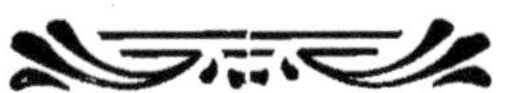

Organisation du Jury.

Récompenses

TROISIÈME PARTIE

—

ORGANISATION DU JURY -- RÉCOMPENSES

———

Organisation générale du Jury international.

E règlement général de l'Exposition a été élaboré par la Louisiana Purchase Exposition Cᵒ, en conformité des dispositions de principe édictées par un acte du 3 mars 1904 du Congrès des États-Unis, promulgué par le président le 20 août 1901.

Ce règlement prévoyait en principe l'attribution des récompenses par un jury international comportant trois échelons : jurys de Groupe ; jurys de Département ; jury supérieur ; chacun de ces deux derniers constituant une juridiction d'appel par rapport au précédent.

Les membres des jurys de Groupe ont été nommés : pour les Etats-Unis par les chefs des différents départements, et pour les nations exposantes par leurs Commissaires spéciaux. Le président et le vice-président de chaque jury de Groupe, nommés à l'élection par le jury lui-même et dans le sein dudit jury, devaient être l'un citoyen américain, l'autre citoyen étranger. Pour faciliter l'examen des expositions, les jurys de Groupe avaient faculté de se subdiviser en commissions.

Chaque jury de Département était composé des présidents et vice-présidents des jurys de Groupe en dépendant, et comprenait en outre un membre du Conseil des Directeurs de la Louisiana Purchase Exposition Company, et un représentant du Comité des Lady Managers. Il nommait dans son sein un président et trois vice-présidents, le président et le premier vice-président devant obligatoirement être l'un citoyen américain, l'autre citoyen étranger.

Le jury supérieur enfin, présidé par le président de la Louisiana Purchase Exposition Company, et comprenant parmi ses vice-présidents deux commissaires généraux des pays étrangers ayant le plus grand nombre d'exposants, devait avoir comme membres les présidents et vice-présidents des jurys de départements, les chefs des départements de l'Exposition et une personne désignée par le Comité des Lady Managers.

Les membres des jurys étaient de droit hors concours.

Les récompenses comportaient quatre degrés : Grand prix, médaille d'or, médaille d'argent, médaille de bronze.

Constitution des Jurys du Département L.

Le Département des Mines et de la Métallurgie avait été doté pour l'ensemble de ses 5 Groupes, de 49 jurés, dont 28 citoyens des États-Unis et 21 étrangers. En voici la liste officielle communiquée par le chef du Département :

Etats-Unis.

M. F.-E. DRAKE.	M. Philipp-N. MOORE.
Admiral George-W. MELVILLE.	M. Franck KLEPETKO.
Dr Joseph HARTSHORNE.	M. W.-H. WEED.
Dr J.-H. PRATT.	M. B.-F. BUSH.
Prof. Edward ORTON.	M. E.-W. PARKER.
Dr Eugène-A. SMITH.	M. T.-W. ROBINSON.
M. MILTON MOSS.	M. F.-W. WALKER.
M. H.-V. WINCHELL.	M. John-E. MOORE.
Prof. Heinrich RIES.	Prof. A.-A. BRENNEMANN.
M. Arthur THACHER.	M. Charles-G. YALE.
Dr Regis CHAUVENET.	M. George-P. MERRILL.
M. C.-Willard HAYES.	Dr Richard MOLDENKE.
Capt. M.-N. PAGE.	M. Ed.-H. BENJAMIN.
Prof. Charles-E. Van BARNEVELD.	M. W.-D. RICHARDON.

Pays Étrangers.

M. Peter DE ABREW.

M. Jean DE BERC (Pour la France).

Prof. H. BAUERMANN.

M. OTAGAWA.

M. Fernando MOSA.

M. Y. WATANABE.

M. Eduardo Martinez BACA.

M. Hamilton SAWYER.

M. A. OLYNTHO.

M. Isidore ALDASORO.

M. Horatio ANAGASTI.

M. Guido PANTALEONI.

M. Arturo MONJE.

M. C. LADEWIG.

M. Carlo SPRUYT.

M. H. ALBERT.

M. Victor WATTEYNE.

Dr BERGER.

M. Frédéric KRAFT DE LA SAULX.

M. W. CHAUVENET.

M. Edouard GRUNER (Pr la France).

Les différents Jurys de Groupe ont procédé, conformément au règlement, à la constitution de leurs bureaux respectifs, et ont élu les présidents et vice-présidents suivants :

	PRÉSIDENTS	VICE-PRÉSIDENTS
Groupe 115.	KLEPETKO, américain	V. WATTEYNE, belge
Groupe 116.	W.-N. PAGE, —	H. BAUERMANN, anglais
Groupe 117.	C.-W. HAYES, —	Y. WATANABE, japonais
Groupe 118.	F.-E. DRAKE, —	H. ALBERT, allemand
Groupe 119.	E. GRUNER, français	R. CHAUVENET, américain

La seule présidence de jury de Groupe dévolue à un étranger, non seulement dans ce Département, mais même dans toute l'Exposition, est donc revenue à la France.

Le jury de Département a été constitué par les présidents et vice-présidents de jurys de Groupe ci-dessus nommés.

La notification officielle des récompenses n'était pas encore faite par l'Administration américaine au moment de la rédaction de ce rapport. L'énumération ci-après n'est que la reproduction de la liste officieuse donnée par le journal « l'Exposition de Saint-Louis » dans son numéro spécial du 16 décembre 1904.

GROUPE 115.

Mines

Grands prix :

BERGÈS, CORBIN ET Cie, à Chedde (Haute-Savoie).

Paul SCHNEIDER, 4, place des Saussaies, Paris.

Médaille d'or :

HENRY COURIOT, 3, rue Logelbach, Paris.

Médaille d'argent :

L. GOLAZ, 23 *bis*, avenue du Parc-Montsouris, Paris.

GROUPE 116.

Grands prix :

LARIVIÈRE ET Cⁱᵉ, Société de la Commission des Ardoisières d'Angers, 170, quai Jemmapes, Paris.
SOCIÉTÉ CENTRALE DES PRODUITS CHIMIQUES.

Médailles d'or :

ARDOISIÈRES RÉUNIES DE RIMOGNE, à Rimogne (Ardennes).
CHATILLON (Emmanuel), à Brioude (Haute-Loire).
SOCIÉTÉ ANONYME DES USINES DE FER DE BEAU-SOLEIL (Var), 17, boulevard Haussmann, Paris.
SOCIÉTÉ ANONYME DES USINES DE LA LUCETTE, à La Genest (Mayenne).
GOUVERNEMENT GÉNÉRAL DE L'ALGÉRIE.

Médailles d'argent :

AUBRY-PACHOT (Eugène-Victor), à Gagny (Seine-et-Oise).
ELIOT (Paul), 10, quai de Paris, Rouen.
LAUR (Francis), 26, rue Brunel, Paris.
PACHY (Edouard), 212, Grande-Rue, Roubaix (Nord).
FAUSSEMAGNE (A.), à Haïphong (Tonkin).

Médaille de bronze :

DESOUCHES, 30, rue Geoffroy-l'Asnier, Paris.

GROUPE 117.

Grand prix :

COMITÉ DES HOUILLÈRES DE LA LOIRE, 10, rue du Palais-de-Justice, Saint-Etienne (Loire).

Médailles d'or :

COMPAGNIE DES MINES DE BÉTHUNE, à Mazingarbe (Pas-de-Calais).
MALISSARD-TAZA, à Anzin (Nord).
ROUY, 117, boulevard Haussmann, Paris.
SOCIÉTÉ DES MINES DE LENS, à Lens (Pas-de-Calais).
GOUVERNEMENT GÉNÉRAL DE L'ALGÉRIE.

Médailles d'argent :

PAUL SCHNEIDER, 4, place des Saussaies, Paris.
SOMIER (Louis-Ulrich-Napoléon), à Champigny-sur-Marne.

GROUPE 118.

Métallurgie.

Grands prix :

DUBOIS, PINARD ET Cⁱᵉ, Forges de Sougland.
PINCHART-DENY, Paris.
SOCIÉTÉ ÉLECTRO-MÉTALLURGIQUE DE FROGES (Isère).
SOCIÉTÉ MÉTALLURGIQUE DU PÉRIGORD.

Médailles d'or :

HINQUE, MARRET ET BONNIN, Paris.
PAUL HUG, Paris.
ED. PLICHON ET SES FILS, Paris.
PAUL REGNARD, Paris.
SOCIÉTÉ ANON. ÉLECTRO-MÉTALLURGIQUE D'ALBERTVILLE (Savoie).

Médailles d'argent :

E. FOUCHÉ, Paris.
LEMIEU ET BRUNET, Paris.
LEMOINE-BIES, Paris.
THIVET-HANCTIN, Saint-Denis.

GROUPE 119.

Littérature minière, métallurgique, etc.

Hors Concours :

COMITÉ CENTRAL DES HOUILLÈRES DE FRANCE.
GRUNER, secrétaire du Comité Central des Houillères.
HATON DE LA GOUPILLIÈRE ET BÈS DE BERC.

Grands prix :

CARTE GÉOLOGIQUE DE FRANCE.
COMMISSION DU GRISOU.
ÉCOLE NATIONALE SUPÉRIEURE DES MINES DE PARIS.
ÉCOLE NATIONALE DES MINES DE SAINT-ETIENNE.
MINISTÈRE DES TRAVAUX PUBLICS.
SOCIÉTÉ DE L'INDUSTRIE MINÉRALE DE SAINT-ETIENNE.

Médailles d'or :

BÉRANGER (Librairie Polytechnique), Paris.
VEUVE DUNOD, libraire, Paris.

Médailles d'argent :

Marc BEL.
Louis OCHS.

L'ensemble de ces résultats est mis en évidence par le tableau récapitulatif suivant :

NUMÉRO DU GROUPE	NOMBRE (1) DES EXPO-SANTS FRANÇAIS	NOMBRE DES RÉCOM-PENSES OBTENUES	Proportion pour cent des exposants français ayant obtenu des récompenses.
115	4	4	100 %
116	16	13	81 %
117	8	8	100 %
118	13	13	100 %
119	13	13	100 %

(1) Ce nombre ne concorde pas exactement avec celui du catalogue, plusieurs des exposants qui y étaient indiqués n'ayant pas fait parvenir leurs envois, ou ayant été déclassés d'office par le Jury pour être admis à concourir dans d'autres Groupes.

Les récompenses ci-dessus énumérées étaient, pour la très grande majorité des exposants, égales ou supérieures à celles obtenues à l'Exposition Universelle de 1900. Les quelques exceptions rencontrées ont été, en général, dues à l'importance très grande attachée au point de vue de l'attribution des récompenses, par le jury international et surtout par les représentants des États-Unis, à la consistance matérielle des Expositions présentées et à la grandeur des installations réalisées : mode d'évaluation contestable, qui s'est traduit, pour quelques exposants des plus importants, mais trop modestement représentés par leurs envois, par une appréciation finale notoirement inférieure à la place qu'ils occupent dans l'industrie française.

Table des Matières

et Table des Figures

TABLE DES MATIÈRES

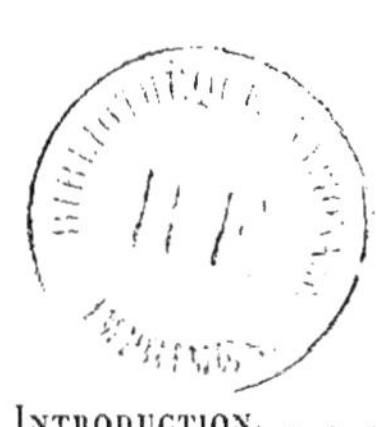

PREMIÈRE PARTIE

Mines.

DEUXIÈME PARTIE

Métallurgie.

TROISIÈME PARTIE

TABLE DES FIGURES